我们在咆哮中成长

做，才能改变

你敢不敢为理想决绝一点儿

程程 著

天津出版传媒集团
天津人民出版社

图书在版编目（CIP）数据

做，才能改变：你敢不敢为理想决绝一点儿/程程著.—天津：天津人民出版社，2014.4（2018.8重印）

ISBN 978-7-201-08644-6

Ⅰ.①做… Ⅱ.①程… Ⅲ.①人生哲学—青年读物 Ⅳ.①B821-49

中国版本图书馆CIP数据核字（2014）第033490号

做，才能改变：你敢不敢为理想决绝一点儿

ZUO，CAINENG GAIBIAN：

NI，GANBUGAN WEI LIXIANG JUEJUE YIDIANER

出　　版　天津人民出版社
出 版 人　黄　沛
地　　址　天津市和平区西康路35号康岳大厦
邮政编码　300051
邮购电话　（022）23332469
网　　址　http://www.tjrmcbs.com
电子邮箱　tjrmcbs@126.com

责任编辑　刘子伯
策划编辑　陶栎宇
装帧设计　沈加坤

制版印刷　河北鑫兆源印刷有限公司
经　　销　新华书店
开　　本　880×1230毫米　1/32
印　　张　8
字　　数　150千字
版次印次　2014年4月第1版　2018年8月第3次印刷
定　　价　29.80元

序

你是在做睡美人，还是在等待戈多？

世间有两种人在等待，一种是睡美人，另一种是等待戈多的人。

睡美人是国王夫妇好不容易才盼来的一个孩子，王后非常高兴，邀请了各方好友前来参加盛宴，但因为没有邀请邪恶的女巫卡拉波斯，于是公主被下了“被纺织机的纺锤刺破手指而丧命”的诅咒。幸而紫丁香仙女缓解了这个毒咒，让她在受伤后可以不死，不过公主仍然会沉睡，直到有一个王子来吻她，她才会醒过来。

爱女心切的国王下令全国禁止使用纺锤。然而，无论家人多么努力，十六岁那年，她还是在一座古塔中碰到了纺锤。诅咒成真，公主一直昏睡不醒，四周的藤蔓荆条成为了公主睡床的帘帐。一直过了一百多年，一个年轻的王子路过，才解救了被诅咒的公主。

而戈多则是两个身份不明的流浪汉戈戈和狄狄要等的人，他们在小路旁的枯树下，等待着戈多的到来。为了消磨时间，他们东拉西扯地讲故事、找话题，做着各种无聊的动作，还错把路过的主仆二人波卓和幸运儿当作了戈多。天快黑时，来了一个小孩，告诉他们戈多今天不来了，明天准来。次日黄昏，两人如昨天一样在等待戈多。等到树叶黄了又绿了，等到波卓成了瞎子，幸运儿成了哑巴，他们还在等待。天黑时，那孩子又捎来口信，说戈多今天不来了，明天准来……

睡美人类型的人，有一个模模糊糊的目标：我要等一个王子来拯救自己。但是，这类人只有睡美人的心思，却没有睡美人的条件。说难听点，没公主的命，却得了公主的病。总感觉别人应该会欣赏、发现自己，而不是先证明自己值得被欣赏和发现。他们不是去发现幸福，而是躲了起来，等着幸福发现自己。最要命的是他们并不具备等的条件，睡美人等一百年也安然无恙，而他们却连明天都无法保证。人生没有挂机项，不可以希望命运自动解决我们的问题。

等待戈多的这类人，不知道戈多是谁，长什么样，也不知道要等多久，别人告诉他们戈多会来，他们就以为，等着等着戈多就到了。生活中有很多这样的人，他们在等待幸福，但不知道幸福长什么样子。听别人说：这么做，就能拥抱幸福，他们不假思索地就去做了。见别人所拥有的看上去不错，便以为别人所拥有的正是自己追求的幸福。对于自己等待的东西，不知其然，也不知其所以然，只是按惯性活着。

做睡美人或等待戈多，是绝大多数人之所以终其一生都不曾有什么改变的重要原因。等待，永远没有未来，只有做，才会改变当下的窘境。

做，常常被人挂在嘴边，在勤劳的中国人这里，它恐怕是出现频率很高的一个字了。但也有很多人会反问："我每天都会做很多事……早上6点起床做饭，晚上8点辅导孩子写完作业后，又要考虑明天吃什么；我既要上班，还要干家务……时间安排得满满的，就是觉得太累，生活看不到一丝希望……"嗯，很了不起，但这不是具有建设性意义的"做"，如果只把"做"看作"忙活”，那就没有人没在“做”了。但，根据生活惯性去做的，只是一种被动的机械性的“做”，是没有自主意识的“做”，当然不会看见希望，也不会有实质性的改变。这样的做，是不能算做的，因为这只是对生活的机械重复，对自我习性的妥协。

人的一生，用接地气儿的话来说，总是得图点啥吧，凭什么付出了憧憬或行动，但结果却总是不快乐或不被认可！要么让自己洒脱地活着，要么给别人带来快乐，让别人发现你确实了不起、缺不得，从而加倍珍惜你、感激你。而现实中，很多人两头都没图到，既悲催了自己也哀伤了他人。他们整日做个不停，但其实一心只想把别人改造成自己想要的样子，为什么会这样呢?

因为改变意味着打破惯性，意味着不可确定的不适与痛苦。总想让别人去承担可能遭遇的各种不舒服，以使自己过得舒服一点儿，这是典型的人格依赖障碍症患者的做法。所以说，真正的做，不是机械重复，而是主动地打破自己的固有习惯；不是试图去改变别人，甚至改变地球，而只要去改变自己就够了。

本书是一本伪装的励志书，希望大家在人生这条芜杂的小径中发现一两处不同寻常的好风景，在看似平坦的道路上发现背后深掩着的泥泞和荆棘。由于没有感同身受这回事，我的蜜糖可能是你的砒霜，所以我并不指望你全然相信。但是，我一一标识出了这些曾让我深陷其中的沼泽，或者不能触碰的雷区，在这些的背后，我更愿指给你远方，那个在晨曦中依稀摇曳着野花身姿的广阔天地的方向。

程程

2014年3月于北京

目 录

低调是一种人生的哲学

最大的贵人，其实是你自己 / 003
成长，是挣扎后的觉悟 / 008
用最合理的目标引导人生 / 012
释怀，放下过分的认同感 / 018
平凡是一种重要的资源 / 024
放下得失之心才能得到更多 / 028
换个角度审视你走过的路 / 035

越努力，越幸运

你要对得起心灵所受的苦 / 041
因为迷惘，所以是青春 / 044
当世界无法改变时，改变你自己 / 048
用“做”来消除恐慌 / 053
越能折腾的人越会有奇迹 / 057
越努力越幸运，坚持没有那么难 / 065

莫找借口失败，只找理由成功

077 / 你敢不敢为理想决绝一点儿?

084 / 凡事不是努力便可得到

092 / 遇见早已是最美的结果

100 / 当我们穷得只剩下“自尊”时

107 / 独特是一种与生俱来的价值

110 / 每个人都只能为自己的人生负责

119 / 立刻、现在、马上去做

在不完美的世界里活出完美的自己

127 / 谁没有那么一段忧伤的时光?

133 / 只有行动能让我们成长

139 / 我们浪费不起痛苦和抱怨的时间

149 / 拒绝孤独就是拒绝自己

154 / 拒做让人鄙视的伸手党

167 / 觉悟于当下，解脱于未来

177 / 去爱去疯去闯荡，去梦去追去后悔

世界非我所愿，却理所当然

187 / 做个有变现能力的理想主义者

197 / 别让被迫害妄想症害了你

208 / 原谅用爱来伤害你的至亲

219 / 遇到45度忧伤美

227 / 怎样走出越诉越苦的怪圈?

231 / 需要一个独自舔舐伤口的角落

236 / 平等是一种理直气壮的人格

严正声明

本文所有文字皆来源于《新华字典》、《现代汉语词典》、《汉典》、《康熙字典》、《说文解字》以及各种承载文字信息的工具，如有巧合，定然会雷同！

低调是一种人生的哲学

最大的贵人，其实是你自己

> 貴 贵：从贝，从臾，臾上贝下。臾，从申，从乙。申为有自持，自我约束之意，乙则是植物屈曲生长的样子，臾字，体现了能屈能伸、自重且能自我约束。何以为贵？人品在上，财货在下，不以财货马首是瞻者，贵。

在岸上永远学不会游泳，就算是最好的教练来教你也没用，因为你没有去实践。没有实践，就无法掌握理论实际相结合所需要的各种条件和要顾及的度。就像我告诉你有一种酸味是苹果那样的，你也无法从我的语言中得知苹果酸的味道，只有你亲自吃过一口后，才会明白苹果酸究竟是一种什么样的酸。实践是快速学习的最佳手段。所以，就算有人指导我们，就算有人带路，我们也得自己走，才知道要怎么才能到达目的地。

无论何时，最大的贵人都是我们自己。不要有依赖别人帮助的想法，那样只会让你无比痛苦，因为你会发现一个残酷的真相：建立在需要他人满足基础上的期待，多半都不可能得到满足。

曾经，一个女孩告诉我，她内心很善良，也很理解人，但不知为何就是跟合租女孩生活得很痛苦。那个女孩不大爱动脑，特别简单的问题都能折腾她一番，而且自觉性很低，很少主动倒垃圾。我说，这是因为你内心对她有主动解决问题的期待，但她不懂，你又憋着不好意思说，所以你很痛苦。其实，遇上这样的人，一定要直接告诉她自己应该学会独立，学会解决问题而不是去折腾别人。

但是，由于我们缺少独立意识，所以很多人在面对一些亟待解决的问题时，往往就会对自己所求之人产生目标达成的期待，一旦这种期待无法被满足，就会对所求之人产生怨恨情绪。

一个朋友讲了一个非常令人深思的故事，故事主角是他所在银行的一位独立董事。这位独立董事从上海交大毕业后，参加了一家国有银行的考试。他之所以在这家银行面试，是因为自己的舅舅是这家国有银行的高管，他非常相信自己能进入这家银行。当然，可能性确实很大，学历没有问题，专业没有问题，一切进入的条件都符合，何况，他还有一位身处高层的亲舅舅，所以，他觉得自己进入银行是一件理所当然的事。

他以优异的成绩过了笔试关，但却在面试时落选了。他非常意外，非常生气，于是跑到舅舅办公室询问原因。不料，舅舅不以为然地说："事本来不大，但是因为我出国旅游去了，所以忘了和人打声招呼，由于招聘结果已经公布，也没有什么余地进行回旋操作了……"舅舅表明不会帮忙的态度后，以一句还要开会的借口，就把他打发出了办公室。那一天，他对舅舅感觉好陌生，因为在他的观念里，舅舅就是应该帮自己的，他满腹委屈地离开了舅舅的办公室。

他埋怨爸妈提前不去走"关系"，要不然，那些能力和口才都不如自己的人为什么能入选，自己却不能入选？都是舅舅的不肯帮助才导致了他应聘的失败。来到爷爷家，他哭着问爷爷："为什么命运对我那么不公？为什么没有人伸手拉我一把？为什么舅舅不肯帮我？"

那天，爷爷正在收拾金鱼缸。在往鱼缸里倒水时，两条鱼虫掉进了刚刷洗干净的鱼缸里，爷爷指着这两条虫子说："你看见它们了吗？"

他看见，在水里的两条小虫子正苦苦挣扎着。爷爷拿起一根草，伸向其中一条虫子，那条虫子顺着那根草爬了上来。

爷爷拿着那根草说："对这条虫子来说，这根草就是它的救命草，它得救是因为我看见了它，也是在我心情不错，想要帮它的时候，才给了它可以往上爬的那根草。"这时，那条得救的虫子，恢复了精神，顺着那根草继续往上爬。当它将爬到爷爷的手指上时，爷爷又说："可是，我现在心情发生了变化，我不想救它了。"爷爷说完，又把那条虫子扔进了水里。

爷爷说："世界上的很多事，原因并不重要，重要的是结果。你现在必须要面对的结果就是无法去你舅舅所在的银行工作，这是既定的事实。也许你爸妈太大意了，没有提前给你舅舅一笔打点关系的钱；也许真的是你舅舅忘记了；也许你舅舅觉得如果你也进那家银行，会影响他；也许，纯粹是因为不想帮你；也许因为你爸妈总是找你舅舅办事，但你舅舅从来没有从你爸妈那儿得到过帮助，觉得帮助你也没什么价值；也许你就像刚才那条鱼虫的命运一样，那天他心情不好，不愿意去给你打招呼。这些原因还重要吗？都不重要，靠自己吧。"

一句“靠自己吧”，让他怔怔地伫立了很久，看着身子湿漉漉的虫子，他好像一下子开悟了。爷爷虽然没有正面回答他的问题，但却让他彻底明白了一个道理：人，必须学会做自己的主宰，依靠别人是不保险的。真正的机会要靠自己去创造，只有自己才不会因为各种原因抛弃自己。陷入苦海时，千万不要指望别人那只手，只有靠自己力挽狂澜的决心和智慧，才能创造出生命的奇迹。

在“靠自己”的支撑下，他用汗水和泪水在奋斗之路上坚持着，现在，他成了一家商业银行的独立董事。试想，这位董事在当年真的进了他舅舅的银行，也许现在还在银行做一个小白领呢！有时候，没有实现什么愿望，也许不是一件绝对的坏事。

人生其实很简单，只要我们把自己当成与他人平等的个体，凡事依靠自己，学会承担自己的人生，懂得自己才能为自己的苦乐负责，我们就会发现，自己才是自己人生最大的贵人。

当我们发现自己的心理动机后，当我们懂得只有自己才可靠的时候，我们就会慢慢地减少对他人的依赖和期待，慢慢锻炼出独立自主的意识来。

但我们中的很多人都不愿意接受自己要为自己的人生担纲的这一现实，因为依附型人格让他们骨子里的每一个意识都渗透着权力崇拜。在一个崇拜权力的社会里，产生不了人格独立平等的意识，在一个自由人格不独立的社会里，能产生的也只有权力崇拜。我们会因为自己的无能而渴望强者的施舍，也会因为自己拥有了强大力量后就肆意招摇自己的施舍能力。我们会因为渴望强者的施舍而阿谀奉承、摇尾乞怜。因为要靠强者的施舍，所以，我们渴望强者拥有好的人品，因此我们会盼望有一个好皇帝，盼望自己那方父母官是清官。但是我们却忽略了一个残忍的现实：道德是最不靠谱的东西。想要依靠他人人品而获得欲求满足的人，其实是在变相地奴役他人，是变相地把属于自己的责任强加给别人，只是这种奴役之力非常不可靠罢了，注定依靠者不会有幸福可言。期待靠他人的好人品而过活的人，是把自己的欲求当成了别人的义务，但别人可不会为满足你的需要，便以你的意志为中心而改变自己的行为。你想要的，别人同样想要，凭什么要人家义务地承担你的人生需求？

所以，要学会独立，学会承担自己的人生，因为，只有我们自己才能为自己负责。命运的走势，取决于我们自己愿意为自己付出多大的努力。如果连你都不为自己努力，谁会替你改变命运？

做自己，信自己，靠自己，做自己的贵人。人生之路很曲折，只有努力的人才会最终得到幸福。虽然我们只能在有限的选项中进行选择，前路虽然一时看上去不那么美好，但是我们仍要为了寻觅到美好而强大自己。

成长，是挣扎后的觉悟

痛：从疒（chuáng），从甬。疒：因为难受而躺着的样子。甬：道路。《黄帝内经》：“热生火，火生苦，苦生心”。心味为苦，常常跟痛连用的词是心痛、痛心，痛心就是痛苦。我们痛，是因为走的路不对，而摔倒在了地上。

年轻时，我们看不懂这个世界，所以处处碰壁。由于我们没有阅历，没有处世经验，没有面对困难与挫折的智慧，穷得只有可怜的自尊心，所以我们的青春是那么地痛。虽然肉体已经达到了法定的成年，但我们只有生理层面的强大。是的，在生理层面最强大的时期，内心却那么弱小，胶原蛋白的丰满程度与内心的贫瘠形成了强烈的反差。

本来，我们可以从父母那儿获得经验、智慧与支撑。由于特殊的社会环境和教育，使得他们虽然身体日趋苍老，但内心却没有发育完整。多数人终其一生，只会老去，不会成熟，所以我们中的很多人都没有办法从父母或其他长辈那儿获得最直接的智慧。父母和家庭，更多的是抚育我们的肉体成长而不是心智成长，这就注定了我们的个人心智成长只能交给历练与挫折，所以长大的过程好痛！

成长的道路是用接踵而来的心灵挣扎和无数次泪流满面后的

觉悟铺垫的，这是一种蜕壳的痛，是一种忍受不被理解，不被接受，不断砍掉自己身上的刺的痛。由于我们并未做好由里到外都成熟的准备，所以我们只能被社会环境适应性所需要的妥协与忍耐所裹挟，在一次次需求被拒绝，希望被玩弄中，慢慢地看清现实。

天下唯一能不劳而获的东西是贫穷。没有一种苦难不是成长的营养，也没有一种障碍不是在告诉我们要更努力，没有一种生活只有纯粹的痛苦，也没有一种挫折不是在告诉我们要改变、要突破，因为只有破茧才能化蝶，只有破茧才能飞向广阔的天空。不独人如是，万物皆如此。

有人说，人类的进步史就近乎于人类的受难史。人类的进步是与苦难相伴的，而那些历史上真正的勇者，正是用自己对苦难的承担，推动了人类的发展。苦难之所以为苦难，是由于它撼动了生命的根基，打击了我们对生命意义的信心，我们的灵魂因此陷入了巨大的痛苦中。但也正是苦难震醒了我们的灵魂，我们才愿意沉下心来，仔细思考自己想要什么和需要什么。

英国BBC有一部名叫《冰冻星球》的纪录片，拍摄到的极地生灵有北极熊、一角鲸、虎鲸、海豹、企鹅……它们都有着令人惊讶的坚强。生活在高寒地区的北极灯蛾，这是一种在人类审美中很难纳入漂亮类动物的物种，即使它们“破茧成蛾”，也不具有普遍意义上的美。粗壮多毛的幼虫时期，它们体色灰暗，怎么看都属于令人恶心的生物。但这种长相不甚妙俏的东西，竟然有着其他物种难以与之匹敌的坚忍。

在北极广袤的空间中，它们显得那么渺小，在比冰冻三尺更冰冷的气候下，它们身上的小绒毛根本抵御不了那种极致的寒冷。所以，在冬季到来后，这种小生命只能躲在岩石下被一点点儿地冻僵，血液被冰冻了，心脏停止了跳动——这不是冬眠，它们真的被冻成了一块冰。但是，这个世间最不缺少的就是生命的奇迹。在第二年大地回春，冰雪消融时，这类被冰冻的小生命随着血液的恢复流动，一打滚又活了过来。它们爬到绿叶上拼命吃，不停地吃，为了在下一个冬天来临之前吸取更多养分，为了给再一次被冰冻做准备。一个冬季又一个冬季，要经过13个这样的轮回，它们才能在第14个春天来临的时候吐出自己的丝，把自己精心地包裹在茧里，等待时机破茧而出，变成飞蛾，然后在短短几天里完成传宗接代的使命。

多么坚强的力量！无论多么艰难，它们都没有选择被打倒、击败，而是选择了适应环境，奋力求生，延续种群。14年的冷血成冰，才终于换来一个春天的“破茧成蛾”，真是生得忧患，长得艰难。

作为不在自然食物链中的人类，生活还是比较幸福的。虽然在体能上，人没有任何优势，但除了天方夜谭中的巨人，没有一种生物以捕食人类为生，也没有任何一种动物可以像人那样丰衣足食。只要人稍微勤劳些，在当今社会解决温饱还是不太难的。这一点是一年只能吃一两次饭的北极熊望尘莫及的，更是终日啃雪地荒草根的驯鹿所不能及的。哪怕处在食物链顶端的狮、虎，也要经常面对捕食的困境，挨饿是家常便饭。极地狼这类极为智慧的生物，一年中也仅某一个季节有较为丰足的美餐，其余时光都跋涉在寻找食物的路上。以忠贞著名的信天翁夫妇，几乎一直得为养活孩子而千里捕食……它们，活着的梦想，仅仅是吃到足够的食物和延续种群。只有人，在衣食丰足之外，还有精神追求。如释师言，具大心力唯人能。人身难得即在于此。

任何一种决定成功的良好品质都是在苦难、危险、痛苦和灾难中练成的，不要拒绝这些老师。也许，多年以后，当我们回首往事，才会惊讶地发现，让我们深怀感恩的，竟然不是那些好运，而是让我们完成心智蜕变的困境。

你若能从每一棵树、每一朵花、每一株草、每一个生灵那儿看到生命在蜕变中成长的力量，你就会发现，有一种痛和蜕变，只属于成长。

用最合理的目标引导人生

> 標 标：从木，票声。本义指树梢，也指终点。所谓目标，是说该终点在眼睛能看到的范围内，而且自己知道怎么做才能达到。一个不在可见范围内的目标，不是合理的目标。

人生可以没有理想，但不可以没有目标。我们往往是在通往目标的路上才慢慢发现自己真正的人生理想。正如励志演说家贝尔，他最初的目标是避免被欺负，所以他练空手道。他向往特种空勤团（SAS），所以排除万难，经过了非人的训练后，终于如愿以偿地戴上了渴望多年的贝雷帽与剑徽，成为少数入选SAS的人。但他之前所有的努力，似乎都不仅仅是为了让他成为SAS成员，进SAS似乎只是对他完成未来使命所需要的技能的一个强化阶段。跳伞失事后离开SAS，他选择了为慈善探险，后来，他成了世界知名的探险节目《荒野求生》的主持人，最后，他成了著名的演说家和畅销书作家。

最初，我们也许有梦，也许有理想，但这些对于年轻的我们来说，却只是一种想满足最高级需求层次——自我实现而产生的朦胧想法，有这样一些想法，我们才会有行为冲动。只有在行动和际遇的不断改变中，我们才会走向自己的真正使命。多少立志当科学家的人，最后成为了企业家；多少立志当航天员的人，最后成为了心理学家；多少想当老师的人，最后却挤进了公务员的队伍中。

我们需要梦的原因不是因为我们需要某个梦，而是因某个梦产生的行动能力。我们只能在实现一个个目标中慢慢锻炼自己、提升自己、发现自己，最终完成自己的成长。但我们中的太多人都由于自己的梦想和理想太高远、太伟大、太遥不可及，反而失去了为之努力的内在动力。那些“我长大了要如何”的梦想和理想，让我们在年幼时光等待着长大，而在我们长大之后，才发现自己的“我长大了要如何”欠缺最基本的实现条件。小时候离梦想有多远，现在基本还有多远。于是开始觉得自己幼稚，觉得自己出身不好，觉得自己的学历、家庭、社会地位和个人能力让自己生活都不容易，终日在作稻粱之谋，日子一久，口头禅中就有了一句：“别跟我谈理想，戒了！”

我见过一个生物家。得知她是生物学的科学家时，我非常崇拜，感觉这样的人生才是高端大气上档次的，结果她却闷闷不乐地说：“我就成天养蚜虫，研究蚜虫，做一些不靠谱的课题，唉……”我们只看到科学家的高贵光辉，却不晓得成为科学家这个过程的烦琐、细碎、重复、枯燥和无聊。构建伟大理想和梦想的过程和生活一样乏味和痛苦，甚至要承受超过常人无数倍的痛苦，这哪是我们在年少时光用稚嫩的声音脆生生地说句轻巧话：“我长大了要当科学家”所能表现出来的？

所以说，我们不必非得有什么惊天动地的伟大理想，但非得有行动目标不可，没有目标的人生之路，走起来实在太艰苦。不要把金钱当做目标，当我们做什么都与金钱得失挂钩时，我们就只会在懦弱的抱怨中沉沦。虽然金钱是必须品，但却只是目标的附加值，和主要价值无关，纯粹以金钱为幸福是舍本逐末，虽然我们每个人活在这个世界上，终极目的是为了追求幸福，可惜的是，有很多人把“幸福”与纯粹物质“富有”完全对等地看待了。他们认为，有了钱就可以避免该死的早起奔波，有了钱就可以买到心仪的车、房，泡心爱的姑娘，吃国宴级大餐，睡总统套房，总之，他们觉得有了钱就可以享受在自己看来是很享受的一切。

心理学家研究发现，金钱、地位、名誉、成功等，其实和幸福感是两码事。我们之所以觉得有了钱就会幸福，原因只有一个：我们暂时还没钱。我想起自己小时候，由于家里穷，一年到头都吃不上三五回肉，那时总觉得如果某天能过上天天有米饭炒菜和肉的日子就太幸福了！因为这样的理想，我们那儿一家蔡姓人家给孩子起了个名字叫蔡饭如（音肉）。结果现在我不仅不大爱吃饭，还基本对肉没欲望，一天吃三顿觉得太累，常常把一天的饭并在一顿里吃，并且也没多大胃口。刚开始满足肉菜需求的那半年确实感觉幸福，半年竟然长了四十斤肉，肥得家里人都认不出来了。但后来随着对肉菜饭的不感冒，我很快又瘦了回来。

我的幸福感觉和心理学研究发现是差不多的，所谓的幸福感最多维持6个月——不管什么级别的需求满足，半年之后，我们的幸福感水平就和半年前没被满足时一样了。比如那些获得彩票巨奖一夜暴富的人，刚开始看上去真的很幸福，但半年之后，常常因为这样那样的问题，使得他们的心灵感受回到了半年之前。

有的因为更大的新欲求未能被满足，反而开始憎恨自己的中奖或嫌中奖金额太少。

我认识一个人，是个没钱、没学历、没长相的男屌丝，在烧烤店打工。他看见烧烤店很赚钱，于是努力学习烧烤经验，为了学得调味料配方绞尽脑汁，拿到配方后，便离开了那家烧烤店。他开始卖起了烧烤，虽然被城管赶过，被工商局罚过，但他的辛苦还是得到了足够丰厚的回报，不仅开了一家餐厅，还买上了车、房，这应该算是很幸福的一件事了吧？他本来也觉得自己有钱了，数百万的身家是他以前不敢想象的，但随着自己有钱后和官二代的接触，他心理开始失衡了。人家可能几句话，就能挣到他辛苦几年的钱。一心想勤劳致富的他，发现自己虽然有望成为千万富翁，可是和更有钱的人相比，自己依然是个屌丝……所以，即使你中了大奖，随着你和更多有钱人的接触，你发现人家一枚戒指就价值百万，别人一辆车的价钱比你中的奖还多时，你原来活在什么感觉中，现在依然活在什么感觉中。

亚当·斯密说："一种永恒不变的处境，并不比另一种永恒不变的处境更幸福。"一个一生富有的人其实不比一个一生穷困的人的幸福感高多少，甚至一个随时被体罚的奴隶也不比奴隶主过得更不幸福。因为顺从环境的本能使他认为自己理所当然地要被这样对待，内心没有不平也就不会有精神的痛苦。和伟大都是琐碎的堆积一样，每一个人的人生也都是琐碎和烦恼的堆积，你没有什么和你一直都有什么，实际上的感觉是没有多大差别的，所以不要拿钱当目标。如果我们一直有攀比心，那么，我们永远都不会有真正的幸福。

但人生一定要有目标，没有目标的人是过得最痛苦的一群人，因为他们不知道自己为什么要那么努力地加班，为什么要为了伴侣孩子忙得团团转。他们只能机械地根据别人的要求，在自己不胜任的职位上做力所不能及的事——根据管理学中的彼得原理，在一个等级制度中，每一个职位最终都将被一个不能胜任其工作的职工所占据。每一层级组织的工作任务多半都是由尚未达到这一层级水平的员工完成的——由于不胜任自己的工作，又因为没有目标，没有解决问题的内在动力，所以他们过得极为痛苦。

人生一定要有目标，有个心理学实验很好地说明了这一点，这个实验的名字叫“10公里的旅程”。心理学家组织了三组人，每组分配一个心理学研究员记录他们的情绪反应，让他们分别走到10公里以外的三个村子。

心理学家对第一组人说：“跟着向导走就行了。”由于既不知道村庄的名字，也不知道路程有多远，刚走出了两三公里，就有人叫苦连天。路程走到一半的时候，每个人都怨气冲天，有的人甚至索性坐在路边不走了，他们不知道为什么要走这么远，不知道什么时候才能走完，越往后走，他们的情绪也就越低落。

心理学家把村庄的名字和路程告诉了第二组人，但路边没有里程碑，只能凭经验来估计行程的时间和距离。走到一半的时候，大多数人都想知道究竟走了多远，队伍中有徒步经验的人说：“大概走了一半的路程”时，大家将信将疑，但必须走到目的地，所以只好硬着头皮继续向前走。走到全程的四分之三的时候，大家的情绪低落起来，感觉疲惫不堪，前方的路似乎还很远。心理学家安慰道：“快到了！”大家又重新振作起来，加快行进步伐后没多久，总算到了终点，大家都松了口气。

第三组的人不仅知道村庄的名字和路程的长短，而且公路旁每公里处有一块里程碑。人们边走边看里程碑，每缩短一公里，大家便有一小阵的欢乐，行进中，他们还用歌声和笑声来消除疲劳，情绪一直高涨，所以很快就到达终点。

由此可见，只有在行动有了明确目标，并能将自己的行动与目标不断地对照，清楚地知道自己的行进速度和与目标之间的距离，行动的动机才会得到维持和加强，我们才能够自觉地克服一切困难，努力实现目标。

日本江户幕府第一代将军德川家康说得好：“人的一生就好比挑着重担走远路，不可急躁。”走长路的秘诀其实就是一步一个脚印，有条不紊地前行。在追求理想的道路上，必是布满荆棘、充满坎坷。我们要把理想分割成小段的目标，这样做，就能够预防自己半途而废。对长期目标的坚持，是要用阶段性的短期目标来激励的，如果我们的目标太远，虽然有方向，但不知道自己究竟要走多远，走多远就能实现一个目标，那么，我们就会失去坚持梦想的动力。

所以目标不要太远，不要太难，步骤也不能太失控——尤其是我们的短期目标。

释怀，放下过分的认同感

> 认：从言，忍声。忍为观察结果，言为对观察结果的陈述。忍的刃为刀锋，喻观察方法为剖析，忍的心为判断的对象。通过剖析，得出判断对象的是非功过，是为认。何谓同？同声相应，同气相求，希望他人的判断和自己相同。

我们为什么那么渴望认同？因为人类的孩子都是早产儿——对社会关系的强烈依赖性，使得我们必须证明自己有价值，才能获得更大的安全保障。

禽类的母亲多数是下蛋后再孵化后代，后代一出来了就能自行走路、觅食，有着基本的生存本能和自理能力——有的禽类母亲还允许强大的孩子弄死弱小的孩子以优化种群。禽妈们哪怕第一次下蛋也只是费点力，一般都没有血，有也极少，更不会出现难产，而哪个人类母亲生孩子不是满床血？有的甚至要牺牲自己才能保全孩子。直到现在能够进行剖腹产后，母子平安的概率才大了很多。禽妈兽妈对待孩子的一生，喂喂吃的基本就了事了，且禽仔兽仔独立性也强，生出来没多久就能站起来行走奔跑，生活基本能自理，但人类母亲无法把后代孕育到一出生就能满地跑的程度，除了哪吒——那样的话，母亲至少要怀孕两年半甚至三年，也就是说，得把一个胎儿怀到像个一岁半到二岁半的孩子那么大才行，真要那样，母亲们的心肝脾肺肾都要被顶出去了。所以人类婴儿只要具有最基本的生理功能如吃喝拉撒睡后，母亲就得把他们生出来。生下孩子后，产妇还得忍着产痛给孩子喂奶、把尿、洗屎、哄哭闹……这意味着女人必须有能为自己提供基本安全与物质保障的依靠，这是女人拼命追求物质财富的主要原因。而孩子本身由于没有生存能力，完全依赖大人的照顾，所以，大人对自己的爱护决定了他能得到多大程度的安全保障，这种对外在的完全依赖，使得生命本身执着于外境，而外境那么不可控，那么不可靠，所以生命对外境这种掌控无能充满了忧惧。归根到底，我们的一切恐惧，都是生命安全感恐惧。

大家都知道，在人类还是森林古猿的时候，是不能直立行走的。直立行走是走向文明的关键一步，其作用一是让大脑远离地心，这一点很重要，人的大脑像果冻，对温度很敏感，而温度过高会使人类大脑的效率降低。400万年前，远古人类是先能够站立，使大脑远离炙热的地面，然后才可能在进化过程中，逐渐使脑容量扩大。二是可以解放双手，从此可以实现彼此之间的复杂合作。只要大家留意一下，就不难发现，动物的合作是极低级的，分工也是极低级的。人类没有解放双手之前，分工与协同同样极为低级，但自从解放了双手，人类的合作与分工日益复杂起来。可以说，没有分工合作，就不会有如此辉煌的人类文明。

由于分工合作的原因，我们对伙伴的依赖比其他任何动物都强烈。在动物世界里，成年的个体几乎全都能够独立，不需要其他动物的援助。这种低级的独立带来的不是进步，而是发展的束缚。比如很有合作精神的狼，它们的合作方式其实是极低级的。十个最没合作精神的人合作，绝对可以干掉十头狼，因为人类最垃圾的合作也是狼那个级别的合作远远无法比拟的。非人类动物注定了没有办法集合其他同类的智慧，没有将智慧积累并向下一代传递的道理，他们所能教给下一代的，只有低级的本能智慧，不会有集前辈大成的成长性智慧。没有成长性智慧，便不会觉悟精细分工合作的道理，也注定了它们只能跟随自然，不能创造文明。分工论明确地说明了独立个体参与的工作流程越复杂，效率越低下，发展能力便越低下。中国古代科技之所以发展不到工业社会，原因之一就是因为小农式经济模式不能精细分工，不需要多少合作。所以，辨别一个社会的文明程度，看它分工的精细程度即可；要看一个物种的智慧成长程度，看它的分工精细程度即可。

我所认为的文明是物种本身能集前辈智慧大成，并结合自己的新智慧，继续向下一代传递的成长性智慧所创造出来的，非自然物类的总称。生而为人，即有人的社会性，这也决定了我们每个人都需要与他人合作，才能生存并创造价值。

其他动物能轻易地独立生存，但人类几乎随时随地都需要通过与同胞的合作来得到自己需要的帮助，要想仅仅依赖他人的恩惠，或完全脱离文明成果独自活着，都是非常困难的事。我们所需要的帮助，大部分是通过契约、交换和买卖互相取得的，分工也是由于人类互相交换的倾向性而产生的。例如，在狩猎或游牧民族中，善于制造弓矢的人，往往用自己制成的弓矢与他人交换兽肉。结果他发觉，与其亲自到野外捕猎，倒不如与猎人交换更

如这世上真有奇迹，那只是努力的另一个名字。

生命中最难的阶段不是没人懂你，而是你不懂自己。

方便。为他自身的利益打算，他便以制造弓矢为主要业务，于是成为武器制造者……如此便鼓励了大家各自全心从事于一种特定职业，并为其发挥和磨炼天赋或才能。

所以，无论是从进化角度还是从本能角度看，都决定了我们会有强烈的依赖本能。依赖本能使得我们极为害怕孤立或不被认可，这使得我们对任何与自己有关的言论，都异常在乎。依赖本能是合理的存在，但过于依赖这种本能会使得我们的各种情绪偏离正常范围，不是过高，就是过卑。

所以，如果任由自己被依赖的本能控制，幸福只会离我们越来越远。唯有将它控制在合理范围内，不把事件结果看成自己的价值本身，理性认知自己，我们才有可能在保持独立人格的同时，又能圆通而大度地与人相处。明白自己需要认同是种本能，只会释然，而摆脱由此带来的依赖，才是智慧。只有释怀，放下心中过分的认同感，并将此过程作为一种智慧的修行，成为一个圆通无碍的人，才能在这个冰冷的世界里生活得如鱼得水。

平凡是一种重要的资源

> 平：从亏，从八。八是分的意思，气越过而能分散，则语气自然平和舒顺。平有平坦、平舒、正、和、成等意义，引申为公平。地平天成，天下大治；平章百姓，安泰祥和。看似平凡的生活，其实有无穷无尽的受用。

有一个关于穷人的寓言。一天，这个穷人的老婆买回来一个鸡蛋，穷人说，如果用这个鸡蛋孵出一只鸡，和邻居家的鸡放在一起，让这只鸡生蛋，蛋再生鸡，再用一群鸡去换一只羊；让大羊生小羊，用一群羊再换一头牛；让大牛生小牛，卖了一群牛就可买田盖房，再娶一个小老婆……听得入神的老婆勃然大怒，操起鸡蛋往地下一摔，穷人的美梦顿时摔碎了。

这个故事最早记载在明朝人江盈科的《雪涛小说》中，虽然古老，却包含了积累、经营、憧憬，以及一丝丝的想入非非，虽然最终成了笑话，却表露出了穷人那颗努力向上的心。同时，富人是人，穷人也是人，富人有的一切欲望，穷人同样也有。食色的本性，有情众生都是一样的。穷人也想各色旗帜招展，时不时上上KTV，有空也想泡泡脚按按摩，可惜啊，有的人的性格注定了要做一辈子撸主，有的人做一阵子撸主后娶了个凑合的老婆，也算能过上一辈子传统意义上的美好生活了，还有的人做了一阵撸主后，终于出人头地，实现了买豆浆喝一碗倒一碗的梦想。

没错，虽然不能说穷人的未来没有光明，但穷人的道路肯定会更加曲折。

资本越小，风险越大，当你手里只有一个鸡蛋的时候，哪怕轻轻一碰，就可能全部玩完。这就是穷人的软肋，由于起点太低，就算搭上了快车，但当资本雪球还小的时候，哪怕滚得发疯，发展壮大的程度也是可怜的——基数太小，增长有限。在可以预见的一段时限里，穷人的抗风险性极低。

当然，现在这个时代，穷人、富人的概念已经不是“朱门酒肉臭，路有冻死骨”的区别了。很多时候，你根本不能从外表上判断出谁是穷人谁是富人，比尔·盖茨常常穿便装，城市里的打工仔倒是天天西装革履。

但穷人真的就没有前途了吗？非也，真正的优秀人士，都有一段沉默的时光。不然怎么会有“舜发于畎亩之中，傅说举于版筑之间，胶鬲举于鱼盐之中，管夷吾举于士，孙叔敖举于海，百里奚举于市”之说？我们总不见得比不上千年之前的古人吧！

所以，“天将降大任于斯人也，必先苦其心志，劳其筋骨，饿其体肤，空乏其身，行拂乱其所为”，这样才能使心灵在震撼中觉悟，使性格在磨砺中坚韧，增加他原来不具备的处世能力。在一定程度上，出身平凡是一种重要的资源，是一种可遇而不可求的机会，是上帝赐予的锻炼自己、增长能力的机会，因为它能教你如何把坏事变成好事，如何把问题变成机会。

毕竟，再也没有比通过自身的努力奋斗而改变人生轨迹更伟大的成功了。

不必过分羡慕富二代，因为，财富有时候带来的不尽是光明。第二代或后几代继承家产的后代往往发现，管理好传给他们的财产比自己去挣还难。而且这一类人，只要不是大肆挥霍，一辈子不用劳作都能过得很好，如果他们不去寻求精神上的升华，就很容易通过寻求精神上的堕落来打发不用工作的无聊时光，而且他们永远不会有在打造财富的过程中，通过折磨和苦难所启发出来的高度心灵觉悟。

不仅如此，有钱人的子女也面临巨大的压力，所谓“龙生龙，凤生凤”，便是要求下一代超过创造家族财富的上一代，起码保持相当的水准。有一部分人会子承父业，做一个“守成之君”，但也有些人因承受不了生活在伟大爸爸的阴影下的压力，或者没有与管理庞大产业相匹配的能力，最终选择了变卖家族企业，就像德国克虏伯大炮家族的昂德特一样，他放弃了绵延百年的家族企业，仅仅是选择每年领取红利。尽管他们依然手里有的是钱，但失去了企业，便相当于失去了权力和社会地位。

为了将庞大的帝国传承下去，富豪比任何人都担心其子女失去工作的动力。据说，1%最富有的美国人当中，有一半的人担心富裕的物质条件会使其子女失去独立性和主动性，65%的人则希望其子女靠自己的劳动养活自己，而更多的人只希望其子女找到一个满意的职业，不要被财富所牵连。但荒谬的是，对于出生在有钱人家的富N代而言，让他们认识到金钱的正当意义，确实不是一件容易的事情。

对于更多的普通人来说，完成华丽的转身，并不是不可以的，只要有梦想，贫穷和挫折便是最好的老师。它不但教会你如何生活，教会你认识真正的社会，还教会你如何才能取得成功，而最主要的，普普通通的出身给你提供了最好的学习机会，只有经历过的人才懂得心智成熟所带来的淡定的幸福。

出身豪门，消费的是别人的智慧和价值；而出身寒门，每一种成就都是自身价值的体现。年轻时吃点苦不算什么，只要我们不为自己的贫穷找借口，只要我们在努力奋斗中不断总结和发现，那么，迟早有一天，世界不仅有属于你的天地，还有一份属于你——一个历经了千锤百炼的人的自信、从容和淡定。

放下得失之心才能得到更多

> 利：从刀，从禾。禾特指已熟之农作物，以刀断禾意味着收获。于古代人来说，收获农作物意义最大，这意味着，未来某段时间的生活有保障了。可见，能让自己得到好处的便是利，无论这种好处是物质方面的还是心灵方面的，反之则为让人厌恶的害。

我认识的一个朋友曾经做过银行行长，后来厌倦了那个行业，便投资一千多万，离京去开养猪场，结果被合伙人坑了，一直在打官司。创业的失败给他带来了巨大的打击，从此人生沉沦，陷在官司里，靠着朋友们的救济，勉强维持着一定的生活水平。他的创造力、思考力、公关力和组织力全都消耗在了一场场官司中，直到去年，还在为打官司而筹钱，再也没能创造出过什么更有价值的东西。

我对他说："可不可以不打了？"他说："不行，一定得打下去，我要拿回属于我的东西，哪怕拿回来我捐出去！"我一声叹息，看着他为了官司而奔走。后来，官司赢了，但是对方不执行判决，还诬告他，于是，他又得为反诬告奔走。我再次劝他不要再打了，但他说，这次不打也不行了，因为已经涉及到了人格侮辱，为了清白和公平，也得把官司打下去。

我又一声叹息，这一年光打官司至少也花了十多万了，过往的花费只会更多。除了金钱，还有将近十年的人生，属于年轻人的最有价值的三十几岁到四十几岁这段时光，都虚耗在了过往的损失里。而且，到现在，无论胜负，都不大可能真的收回那笔钱。我不禁想问：值得吗？仅仅是因为心里无法接受被坑害了这个现实，我们就要用那么大的代价为这份不平买单？

我承认伤害的巨大，但是值得用十年去纠缠这个伤害吗？难道在整整十年里，我们都不能重新再为新生活、新事业而努力？但是，偏偏很多人就是放不下过去的伤害，他们一味地沉沦在是非功过的论证和对过往损失的挽回中，放弃了东山再起的种种可能。

执着心使得我们往往容易对一丁点儿伤害都耿耿于怀，我们患有“正确”强迫症，就算不为了钱，也会为了心中的一口气而对过错方穷追猛打，一纸胜诉的判决书似乎可以向全天下宣告：我赢了，说明我是正义的、被伤害的，最重要的是，我是正确的！

人际关系中的一切问题都只有利害问题，而没有对错之分。伤害与贪婪，是产生一切官司的根本。我们放不下曾经的伤害，所以渴望法院给我们一纸公平。我们过度贪婪，所以在为非作歹的时候，忘记了伸手会被捉。我们忘了比利害更重要的是自己要赋予人生以价值，而不是占有什么东西。难道我们活着，仅仅是为了和某个人争夺某类东西的所有权？

“放下得失之心才能得到更多，不要伤害他人，不要对不属于自己的东西起贪执之心”等道理有几个人不知道？但是事到临头时，我们才知道，要战胜内心深处本能的欲望是多么困难，所以我们才会在明知不可为的情况下，做出理性上原本知道很不对的事来。

我知道这么一件事，有家图书出版公司的股东之间，因为股权问题打起了官司。事件因由是甲方同意投资300万给乙方公司，换取该公司60%的股份所有权并成为法人代表。起初甲方要求先将法人改成自己后再注入资金，乙方声称急用钱，只要钱到了就改法人。甲方信以为真，便注入了100万元资金，但甲方左等右等，等不来乙方的改法人行动，且财务权也为乙方一人霸占，支付任何费用竟然都不用知会作为大股东的甲方。于是甲方急了，私自到工商局变更了法人代表。见甲方有此一着，乙方便将公司投资全数转走。这下甲方不干了，双方左右谈判，达不成一致的意见，于是乙方便起诉甲方……我没有看到里面有受益人，我看到的是投资人甲方要为此损失一笔为数不小的钱，而乙方则已经将自己的前程埋葬。

当我得知真相时，心中为乙方的愚蠢而惋惜。他原本是个有才华的图书策划人，一心想在出版界做出点事业来。我相信，他的初心，真的是想要认真经营一家出版公司。只是，利欲紧紧地攫住了他的心，他忘记了自己要做一个好出版人的初衷，他只看到了突然可以自由支配的一大笔现钱——金钱的力量。他不肯放弃财产支配权，竟然一边告诉编辑，说大股东不会发工资，让编辑去索要工资，一边阻止大股东给编辑发工资，以挑起编辑与大股东之间的是非之争。可惜的是，他找错了人。

为什么说他毁了自己的前程？因为出版是创意产业，很难像其他产业那样，有实实在在的生产线，有实实在在的产品。出版业的产品，于外人来看，只是一堆纸或电脑上的一堆电子稿，外行人很难判断它们的实际价值。并不知道图书产业最重要的不是产品数量，而是内容与策划，这些都只有专业出版人才懂。而出版业内，有钱的人基本都自己干，干吗给别人投资？他好不容易找了一个以做出版起家的投资人，结果竟然因为一时的贪心，他失去了这个投资人，而且再也不可能找到这样的投资了。他也很难再找到适合自己的工作平台，一是他很难放下身段从低做起，二是他用自己的贪心告诉其他公司自己不可以被信任……如果换作我，别说改法人了，只要别人愿意给我投资，只要给我机会去证明自己，我只拿点生活的基本物资就可以了。我知道，当我没有资本的时候，别人所进行的每一笔投资都是用自己掌握在手里的资产去冒险，我们要对每一笔投向自己的风险资本都深怀感恩。但是，他却选择了走另外一条毁灭自己的路。

也许有人会说，我之所以打官司，不是为了钱，是为了伸张正义，难道就不应该追求正义了吗？难道就应该任凭别人欺负而不反抗吗？对此我只能呵呵一笑，正义？世间的一切纠缠，围绕的不过是“利害”二字罢了，唯一的正义是道，唯一的公平是道。道是什么？是法则，非生命有非生命的聚散离合之道，生命有生命的聚散离合之道。我们通常所提的正义，不过专门指人道中的一种不彼此伤害的契约罢了，说到底还是利害关系。

比如，有两个人身陷绝境，很多天都没有吃饭了。一个人突然捕到一只野兔，而另一个人见到了，马上去抢，于是两人打了起来。根据人道主义来理解的话，那个抢人东西的家伙是非正义的。但是，对于那只兔子来讲，人的行为是正义的吗？对于被兔子吃的草来说，兔子的行为是正义的吗？所以，我们的正义其实只是人类的契约，而不是什么必然的法则。既然是契约，肯定有违约者。如果给我们造成伤害的是生物，我们也许有那么一点儿追究责任的可能，但如果给我们造成伤害的是不可抗力因素呢？比如战争，比如地震，比如天灾，我们又去追究谁的责任？当我们面对一个违约者时，是疯狂追究违约责任，还是尽可能快地接受一个不可能改变的结果来重新努力，便只是个人选择了。愚见以为，对责任的追究要适可而止，而接受一切才是我们最要紧的事。

只要我们活着，就有可能遇上各种奇葩，很多伤害，我们唯一能做的是，尽早摆脱对伤害的过分纠缠，有些事，再怎么纠缠都不会得到我们最想要的结果，又何必苦苦纠结于得与失，对与错？很多人之所以一蹶不振，从此在人生路上沉沦下去，就是因为他们纠缠于已经过去的或已经存在的利害。

很多人都看过《美丽人生》这部片子。主人公圭多是一个外表看似笨拙但心地善良，而且生性乐观的犹太青年，对生活充满了美好的向往。他和好友菲鲁乔驾着一辆破车从乡间来到了小镇阿雷佐，希望在小镇开一家属于自己的书店，过上与世无争的安逸生活。途经一座谷仓塔楼时，年轻漂亮的姑娘多拉突然从塔楼上跌落到他的怀中，原来塔楼上有个黄蜂窝，黄蜂经常骚扰当地居民。多拉想为民除害，烧掉黄蜂窝，反被黄蜂蜇伤。

两人的再次邂逅，燃起了圭多心中爱情的火焰。后来多拉在自己与不喜欢的男人的订婚晚会上，与圭多私奔了。

多拉跟随圭多第二次奔赴的所在，是集中营。这一次，她以一个妻子、一个母亲的坚决，对峙着德国纳粹表情中冰凉的褶皱。此刻牵领她登上列车的应早已不是勇气，并且一个“爱”字解释不了多拉目光里每一瞬的闪动：既然无法命令这一切停止，我便愿意搭上自己剩下的所有，随着你们，一同向着苦难飞驰。

在惨无人道的集中营里，圭多一面千方百计找机会和女监里的妻子取得了联系，向多拉报平安；一面要保护和照顾幼小的儿子乔舒亚。他哄骗儿子说，这是在玩一场游戏，遵守游戏规则的人最终计分1000就能获得一辆真正的坦克回家。天真好奇的儿子对圭多的话信以为真，他多么想要一辆坦克车呀！因为这个，乔舒亚强忍了饥饿、恐惧和寂寞。

战争结束了，准备逃走的纳粹还要最后一次释放自己的伤害力。无奈之下，圭多将儿子藏在一个铁柜里，依然告诉他，要和他玩游戏。他哄儿子说，一定要藏好，否则得不到坦克。其实，他是打算趁乱到女牢去找妻子多拉的，但不幸的是，他被纳粹发现了。当纳粹押着圭多经过乔舒亚的铁柜时，这个伟大的父亲，为了让儿子相信那只是个游戏，明知自己必死无疑，仍然在被纳粹枪杀之前，选择了用夸张搞笑的方式迈步走过儿子藏身的铁柜附近。在他的目光瞥向那个小铁桶时，还做了个狡黠的鬼脸，即使，这是他此生与温情的最后一次对望。

生活固然有其残忍的一面，一些出其不意的伤害袭来时，我们那么无能为力。选择不了某些环境，但我们可以选择更好的应对方式。圭多的伟大在于，面对无可改变的现实时，还努力给予自己在乎的人以快乐。这个男人，用自己的全心，给了儿子最大的奖赏：保全他的生命，保全他的快乐，保全了对他的爱。

快乐是一种能力，幸福也是一种能力，我们并不一定非得用眼泪和辛酸来接纳苦难。不知道听谁说过一句话：如果在痛苦中感觉不到幸福，你就不会拥有什么幸福。

回过头再看圭多与多拉的爱情——这样一段超越生死的情感里，竟没有一句“我爱你”。然而最甜蜜动听的情话，怕也敌不过圭多冒着生命危险在集中营的广播里喊出的那句“早安，公主”。直到今天只要想起这部电影，我心中依然有着难以言表的感动。

另一部值得一提的电影是《第九日》。纳粹分子给了一位梵蒂岗的传教士九天的自由时间，条件是要他说服红衣主教包括他自己，改变信仰和信念。这九天里，他默默地生活着，感受着。面包、牛奶和亲人的笑容变得那样珍贵，自由、家庭和美好生活从来没有这样强烈地震撼人心。可是最终，他没有改变信念。第九日，他回到了集中营里。在自由和死亡二者中间，他选择了后者。选择了绝望，却将信仰和信念完好地保留给了更多的人。

面对痛苦和失败，我们可以呻吟，可以安静地等待，但不必沉溺在痛苦中。即使我们改变不了残酷的事实，仍旧可以选择把希望留给别人，把绝望留给自己，把快乐留给世界。

林海音的《祖母的精神生活》中有段话：

“孤独不算孤独，贫穷不算贫穷，软弱不算软弱，如果你日夜用快乐去欢迎它们，生命便能放射出像花卉和香草一样的芬芳——使它更丰富，更灿烂，更不朽了——这便是你的成功。”

是的，比利害更重要的事便是：快乐，并给予快乐。

换个角度审视你走过的路

> 内 内：从冂(jiōng)，从入。冂表示蒙盖，入表示进入之物，合而表示事物被蒙盖在里面，比喻从外面进入里面。心为象形字，比喻意识形态和思想感情等情志活动。内心，即是说进入自己，是说从外面走向内在，是说不再执着于外境的返求诸己。

有一个人每天抑郁寡欢，他渴望得到快乐，有人给他出主意说：借一件快乐人的衬衫穿，你就会快乐起来。于是这个人就去找快乐人。他找到一个财主，这个财主说：我怎么会快乐呢？我每天都担心我的佃农不交租子，白种我的地，我担心穷人还不起我的高利贷而使我的财产受损。他找到一个商人，这个商人说：我怎么会快乐呢？生意场上的尔虞我诈使我每天都处在忧虑之中，每天都担心生意血本无归。他找到一个大臣，大臣一气三叹地说：俗话说“伴君如伴虎”，我今天脑袋在脖子上，保不准明天就人头落地，我每天都在小心翼翼中度过，怎么会有快乐的心情！他找到国王，国王说：我不仅要治理国家，还要对外时时防范邻国侵犯，对内时刻提防大臣谋权篡位，实在是日理万机，我怎么有快乐呢？于是他又继续寻找。一个炎炎烈日天，他来到一片原野上，远处飘来一阵歌声，那歌声粗犷豪放，他一阵惊喜，这个唱歌的人一定是快乐的！寻声望去，一个农夫正在锄地，他来到这个农夫的跟前说："你的歌声如此无忧无虑，想必你是快乐的。"农夫笑着说："是的，日出而作，日暮而息，无忧无虑，我很快乐。"这个人不由得一阵高兴，迫不及待地说："请把你的衬衣卖给我一件好吗？"这个农夫听后大笑说："你没看到我是光着肩膀在干活吗？我没有衬衫。"这个寻找快乐衬衫的人只好空手而归了。

在这个寓言里，不差钱的财主不快乐，富可敌国的商人不快乐，权倾天下的国王不快乐，唯有那个近乎一无所有的农民是快乐的，看来，内心的牵绊越少越快乐。也就是说，拥有了什么并不能决定一个人是否快乐。而试图拥有的，可能才是你内心未来一段时间的快乐来源。

谁都想拥有快乐、成功，包括我在内。但是，每个人又有着各自的情况或者问题。其实，有些时候，只要换个角度，则视线大不相同。

我们总说人生路太漫长，长得走着走着就忘掉了要去哪里。因此，一般认为，一开始就有着明确目标的人更容易成功，他们就像是走了一条最直的路，将那些走弯曲道路的人远远甩在了后面。但是也不尽然，条条大路通罗马，不见得条条大路都是直的。也许有的人走了夜路，也许有的人为补充给养绕路去买食物，也许有的人遇到了险情不得不绕路。但是，只要目标是明确的，信心是不泄的，迟早会见到飘扬在罗马城头的旗帜。

有一位成功的策划人，并没有多高的学历。他初中毕业便因家庭原因辍学了，从此出门远行。最高学历也就是个成人中专，专业还是极少和人打交道的兽医。他背井离乡多年，先后做过矿工、乡政府通讯员、饭店服务员，练过地摊，跑过保险，卖过广告，经历非常繁杂，在职场上走得七扭八拐。2001年，他接触到了传媒业，觉得传媒是自己的志向，于是，他进入传媒业，先后做过报纸记者、记者部主任、杂志编辑、执行主编、网站营运总监、自由策划人和专栏作者等N多岗位。2007年7月，他又接触到了出版业。那时的他，虽然已经是个资深职场工作者，但没有人相信以他的学历能做得好出版。每一家图书公司，都不看好这个仅仅做过杂志编辑的人，因为对于出版业来说，似乎只有拥有一定学历并且真正操作过一些书的全流程，才算得上是勉强理解了出版流程。这一个行业的特殊性决定了需要拥有极其繁杂的专业知识，如哲学、医学、经济学、心理学等等，出版人可能都要涉猎，而他当时的软实力，显然不达标。但他认准了出版业，在承诺免费干三个月的情况下，终于得到了一个实习的机会。

事实证明，从来没有一种经历是没有用的，从来没有哪步弯路是白走的，特殊经历给了他与众不同的判断力，他本身极强的执行力又能极好地把自己的目标贯彻下去，所以，没多久，他便取得了很多出身名校的编辑所无法企及的成功。《藏地密码》等一系列畅销书，奠定了他这个初中毕业生在出版业的特殊地位。

当然，与其他极为成功的人士相比，他的成就可能微不足道，这种眼花缭乱的托马斯全旋式的工作经历不是每个人都能玩得起的。但亲爱的你，是不是可以扪心问问自己，你在选择一个工作岗位时，首先计较的是不是眼前的待遇？有没有觉得工作活多、钱少、领导坏？是不是很少考量自己内心真正的兴趣和志向，而是一味钻在钱眼儿里？陷入一种纯抱怨中，而不是看清楚这是一个工作机会，一次人生的改变？

写到这里，我想起了一则小故事：

小孙子问："爷爷，为什么每天都要看《圣经》，看了一遍又一遍，不烦吗？"

爷爷什么都没说，给了小孙子一个装煤的篮子，让他去河边提水。

小孙子心想：篮子怎么能提水？但他还是去了。

一遍又一遍的失败让他气馁，他回来质问爷爷，篮子怎么能提水？

爷爷说："你虽然没有提水回来，但是满是煤灰的篮子却被你洗干净了。每天看《圣经》看上去是很烦，但每天你都会有新的收获。"

生活也是这样，虽然走过了弯路，但是换个角度审视你走过的路，你会发现你得到了许多的成长。

跳出寒门思维，拓宽心胸，才可能拥有真正的改变。年轻的时候，我们唯一不怕的就是付出，因为我们没有什么好失去。我真诚地提个建议，如果你正处在人生的歧路上，不知往哪个方向走，就请选择自己深爱的行业，然后坚持下去。虽然眼前可能没什么直接利益，但是，在你全心全意地投入后会发现，其实，成功没有你想的那么难。

越努力，越幸运

你要对得起心灵所受的苦

> 變 变：从攴(pū)，䜌(luán)声。攴，一指撞击，二指尺子。从这两个意思可以看出，它会产生碰撞，产生冲突，并且这种碰撞或冲突，是可以衡量的。声部之䜌，有顺从、美好的意思。变字至少意味着：接受变的碰撞，带来的也许是美好。

忘记了从哪儿看到了这样一句话：人间的殡仪馆、医院、坟场、屠宰场、垃圾场等，都是修心的净土。吾心深以为然，这些地方，确实可以帮我们洞穿生命真相。火化炉，是两个世界的桥梁，桥这头是人间，桥那头，却不一定是天堂。或许只有亲眼看见一个人，从倒下去到变成灰的整个过程之后，我们才有可能会真正地去思考“人生无常”的真实含义。

当然，把深思寄放在偶然上，基本是越思越迷惑，于是会给人这样一种感觉：知道得越多越迷惑，看得越透越绝望。佛学中有一个名词叫“见思惑”，说的就是未能拥有真正通达的智慧时，无法辨清真相，所以见得越多越困惑，思得越多越迷惑。

我在年少轻狂爱装模作样秀自己时，曾经写过一小段话，自感很能解决见思惑这一问题。

“太初有道，道与神同在，神就是道。在真相未曾揭露之前，我们所看到的不过是误解中的片断。人生的有限性和生命的无限不循环性令我们奢求在尽可能短的时间里获得尽可能大的利益和快乐，所以，那滚滚红尘，便上演了一幕幕人生悲喜大戏……”

是的，我们惑就惑在只能看到误解中的片断。

《道德经》有这样一句话：“复命曰常，知常曰明，不知常，妄作凶。”老子的意思是说，知道根本真相就是智慧——潜逻辑是：知道根本真相的人不会有非分之想，不会胡作非为，他的行为必然是明智的，自然不会有什么灾祸——不知道根本真相的人呢？就会妄作妄求，妄求妄作，如此一来，能不凶吗？

当下的我们，只需要通过现有的科学知识和社会观察就能发现：人生能活的只有一段时光。我们要比拼的，是过程的精彩度。生命有意义吗？其实，原本没有什么意义，每一个生命的诞生，来世界停留一段时光后，又无奈离去，各自在各自的生活里扑腾，留下的也许是奉献，也许是伤害，如果我们不能赋予生命以意义，那么生命就只是一个有情个体成住坏灭的过程，如果我们愿意赋予生命以意义，生命才会有意义的。既然人生就是一个过程，失去生命是一种必然，不如好好在这段有限的时光里努力做点什么。既然这只是一个过程，那何必活得担惊受怕？因为世事并不是永恒的存在，我们才会看到千变万化的世界，因为没有永恒的存在，生活才能因为有变化而那么多姿多彩，既然如此，我们为何不坦然接受改变呢？

但是，不想去改变，害怕被改变，几乎是我们每个人的心理疾病，惯性的心理模式能使我们感到安全，而安全感让我们舒适，这使得我们很想停留在这种舒适感里。而改变，则意味着我们要走出心灵舒适区。为什么我们要走出心灵舒适区那么难？原因不外乎：

一、对改变的可能性不能确定的恐惧。这类人多半意志薄弱，他们倒也有一丁点儿自知之明，很清楚自己这一弱点。我不得不遗憾地说，办公室里多数人都是这种人，因为他们对改变有着本能的恐惧，所以他们安于现状，碌碌无为。任何工作都需要领导一再交代，才有可能勉强完成，拖延是他们的常态，懒惰是他们的特点。归根到底，懒和拖拉是他们自认无能的证明。

二、对改变的结果不确定。由于不知道自己改变的结果不是自己想要的，出于保险意识，他们认为，与其得到一个自己不想要的结果，倒不如安于现状——至少他们对现状已经适应了。

人生没有什么是不能面对的，不走出去，永远不知道自己可以走多远，不去努力，永远不会知道自己的能力。出身不好、长相低调、学历不雅观都不是我们可以作践自己的理由。环境不好不是我们的错，活得不好可全是我们自己的错了。

要用随时敢生敢死的决心，撑起随时敢做敢当的底气。如果你活得都不敢在临终的人生总结报告中得瑟一下，你基本等于白活一回了。若真如此，浪费人生几十年，你对得起自己心灵受过的苦吗？

因为迷惘，所以是青春

> 迷：从辵（chuo），米声。辵，走走停停，步履踟蹰。迷，本意为迷路，分辨不清。《说文》中说，迷，惑也。《易·坤卦》中有“先迷后得”之语。人生多歧路，不经过迷惘，那会找到真正属于自己的道路？

今年的北京，天气异常诡异，三天两头下雨，像极了混在这里的人那潮湿的心。是啊，有多少漂泊在外的游子，心中不是盛满了悲伤的眼泪？谁小的时候没有怀揣着长大后要改变世界的理想？谁年轻的理想到后来没有被证明是幼稚的笑料？可惜，世事如此细致，每一段路都是由细碎的每一步构成的。支撑伟大的，是那些不为人知的困难、艰苦、重复、挣扎等琐碎的细节。远征之路，看上很宏伟、美好、蜿蜒迤逦，那一路尘沙氤氲，扬起的似乎是如诗一般瑰丽，如画般色彩斑斓的前程。脚下所踩的，是大地母亲支撑我们追求浪漫理想的黄土，远处有艳阳，还有彩虹。但当我们走起来后才发现，每一步路，都要自己身体力行地用脚去走，蜿蜒迤逦变成了崎岖坎坷，尘沙氤氲变成了风尘仆仆，黄土成了动不动就让我们体验一把的满路泥泞，艳阳虽好，却酷热难耐，彩虹不知道会出现在远方的何处，只有风吹雨打的真实不断抽着我们的耳光。直到这时，我们才算明白了伪装成一句美文的丧气话："可远观而不可亵玩焉。"那些看上去很美的波澜壮阔，实际上却意味着大起大落、命运多舛。

一开始，我们都相信，厉害的是自己，到最后，我们无力地看清，强悍的是命运。原来，我们根本改变不了世界，因此陷入了深深的迷惘中。

年轻人迷惘是一件好事，这意味着，他们走出了父母的庇护，不再用父母的价值观、世界观和人生观来看待问题；不再以满足父母的期望值为生活的意义；他们有了独立的思考意识，有了想弄清自己和世界的愿望。

迷惘至少说明我们还有追求，还对生命意义有执着的追寻，只要我们不懈努力，在错误和痛苦中反省自己，总还能找着属于自己的那条路。

但迷惘一辈子就绝对是个悲剧了。这样的人，不知道自己要什么，只能用别人都要的东西来判断自己想要的，对自己欠缺最基本的认知力。他们不知道自己的价值是什么，究竟有多珍贵，所以，他们把自己的价值等同于他人给自己的外在定价。一旦定价背离预期，他们的小心肝儿就碎了。但要别人给出他们想要的价格，还真是件难如登天的事。由于他们不知道自己的价值是什么，最可怕的是，以他们内心给自己所定的价格，不是过高，就是过低，通常来说，都是过高了。

由于他们不知道要什么，便把那些成功人士所获得的结果当成自己的人生目标。他们只看见了成功人士成功后有钱、有名、有影响力，于是，他们便简单地认为：自己的人生目标是要挣多少钱，搞多大的企业，阅尽多少春色，牛气到说句病句都有人佩服得五体投地——这就是他们那迷惘大脑得出的简单逻辑。

成功人士思考的是自己的思考，追求的是自己的追求。但迷惘的人，思考的是别人在思考什么，追求的是别人在追求的。他们孤立片面地看待一切问题，凡事皆从自我那点肤浅的感受出发，一旦他们从成功人士成功的表象因素里总结出的那些方法，经过验证完全行不通后，他们便崩溃了，心里反反复复地问着这样一个问题：为什么别人这样行，我就不行？就像一个没有长大的孩子问妈妈：“为什么别人有各种各样的玩具，而我就没有？为什么他们的爸爸天天开小车接送，而你们总是用自行车接送我？”他们不会考虑一个问题背后的全部因素总和，只会考虑其中的单一因素。例如，同样是拓展人脉找关系，有的人找关系就有用，有的人找关系就没用。这些失败者只看见了“找关系”这个表象因素，而没有看见导致成功的更多决定性因素。

一个销售员跟另一家大公司的采购经理是铁哥们儿，觉得百分之百能与这家公司签约，但令他想不到的是，酒喝了，高尔夫球打了，基于友情，更高的返点承诺也给了，自己还是丢了这个单子。原来，他自以为跟采购经理熟，搞定采购经理就行了。所以，他每次去拜访那家公司，都只去采购部。但采购部和质检部又特别近，销售员那一脸和采购经理特别熟，似乎签单是铁板钉钉的得意神情，弄得质检部的人非常不舒服。采购部有油水，让人眼红，质检部的人本来就很眼红，见这个销售员跟采购部那么熟，自然推测出公司同事和这个销售员签单后得到的油水更高，找碴几乎是必然的。销售员还故意嘚瑟，简直就是“婶可忍，叔不可忍”。于是质检故意挑这个销售员所售产品的质量问题，采购经理也无可奈何，好好的一单生意就这么泡汤了。所以，没拿到成果之前，夹着尾巴做人是一种智慧。没有任何单一因素可以决定一切。无论我们做什么事，都要尽可能地去了解与之相关的每一个环节。

不要把孤立的片面的表象当成需要一连串必然因素的参与才能产生的必然结果的唯一力量，不要总是想倚靠不多的努力就改变整个世界。

对世界的认知越多一些，对世界的迷惘就会越少一些。对人生的目标明确一些，就会在通往目标的路途上从容一些。对内心的需求多了解一些，就会让努力更快乐一些。看清这些，我们便有了一把打开迷惘之门的钥匙。

当世界无法改变时，改变你自己

> 世：“止”上加三个点，表示三十年；止,到此为止，引伸为时间；界，本义指边境，引申为空间。言世界，即是言时空。世界二字，泛指时空内万事万物的总和，我们如此微末，怎么可能以一己之力让万事万物完全按自己的设想改变呢？

在英国，从十一世纪开始，历代国王的加冕和王室的婚礼都在伦敦的王室专属教堂西敏寺举行。西敏寺也叫威斯敏斯特教堂，在这个教堂的墓地中，埋葬着英国的二十多位国王，以及英国诗圣乔叟、作家狄更斯、小说家哈代、科学巨匠牛顿、作曲家亨德尔等星光熠熠的名人大家。但经常让很多人驻足的是一块无名氏的墓碑，墓碑上镌着让人深思的文字：

“当我年轻的时候，我的想象力从没有受到过限制，我梦想改变这个世界。

“当我成熟以后，我发现我不能改变这个世界，我将目光缩短了些，决定只改变我的国家。

“当我进入暮年后，我发现我不能改变我的国家，我的最后愿望仅仅是改变一下我的家庭。但，这也不可能。

“当我躺在床上，行将就木时，我突然意识到：如果一开始我仅仅去改变我自己，然后作为一个榜样，我可能改变我的家庭；

在家人的帮助和鼓励下，我可能为国家做一些事情。

“然后谁知道呢？

“我甚至可能改变这个世界。”

我们理解中的改变世界，更多的是一种全面掌握世界的操控欲。我们不能指望直接改变世界，把世界掌握在自己手中，那是奥巴马也无法完成的事情。但我们可以改变自己。从细微处开始改变，是最实际而有效的改变方式。每个人都是组成社会的一分子，一个分子有一丁点儿变化，世界也和之前不一样了。站在这个角度上来说，我们每天都在改变世界。只是我们对世界的改变，没有达到自己想要改变的那种程度，我们便觉得改变世界很难。我们无法按自己的意志随心所欲地操控世界，但我们可以为了让世界变得更美好而改变自己，所以，我们想多大程度地改变世界，就得在多大程度上改变自己。

如果你坚持走自己的路，想在地球上留下自己的足迹，想用一只蝴蝶的翅膀直接扇动起一场风暴，也没人拦你，但是，你要看一下自己是否已经有了与改变世界相匹配的承受世界苦难的准备。

改变世界，是非常之人完成的非常之事。坚韧不拔、千辛万苦、千锤百炼等词是一定要记在你的词典中的。如果现在的你对自己宽容，对自己仁慈，对自己善良，迁就自己的想法和习惯，往往会成就一个令自个儿非常不满意的你。慈悲多祸害，方便出下流。你是自己的慈母，也是自己的孩子。你这个母亲势必要对自己狠点再狠点儿，否则，你这个孩子便一辈子毁在自己对自己的溺爱里了。如果连改变自己都做不到，何谈改变世界？而只改变自己，也是一件需要付出极大努力的事情。

我们可以通过慢慢加压来增强自己的抗压力，改变必然会遇上各种压力和挑战，但尼采不是说了吗，杀不死我们的，只会使我们更强大。我不是说过吗，痛苦的深度决定了你超越的高度。看在我连哄带骗加摆事实讲道理的份上，你们就走出改变的圈套吧！要看清这一点，改变自己就是改变世界；在改变世界之前，必须先要改变自己。

比人生未知的历险更可怕的，

是那种一眼就看到老死的时光。

用“做”来消除恐慌

> 怕：从心，从白。心无所立，自然有恐惧之情，心有所倚才能无惧。白是空白，内心如果缺少支撑力量，没有倚恃，则没有安全感，是故，惧由此生。

每个人的童年都有心灵创伤，只是多少不一罢了，所以我们多少都会有些精神病，这意味着，如果我们想要寻找一条幸福之路，就得学会用自己的精神去战胜精神病。

情绪其实只有两种产生机制，一种是自我保护机制，一种是自我激励机制。多数负面情绪，都是自我保护机制产生的，比如恐惧、愤怒、焦虑、忧郁、憎恨等。一切负面情绪都在告诉我们——我们可怜的小心灵又受伤了，而一切负面情绪都源于自我保护机制产生的恐惧本能。

虽然说恐惧本能是一种逃避伤害的保护机制，但是我们常常滥用这一机制。很多时候，我们害怕的事物并无危险，但当事人却非常害怕，因此会衍生出种种其他情绪来逃避自己的恐惧，比如懒惰、拖延等。

有人说万事开头难，我想再加一句：万事完成难。今天我想写一个言情小说，兴趣一来，一晚上搞了七八千字，明天一找借口，这事儿再没有提起过。今天我说要看完一本书，兴致一来，一天看它个七八万字，明天一忙这事儿那事儿，那本书便永远停留在那次的随手一翻之处。粗略估计一下，我至少有近二十本书的写作计划，但是却从来没有完成过。很多同学和我一样，我们总是不断在开始，但三分钟热度一过，开始的任务便被扔在一边，再也不想去理会。

任何伟大的理想，都需要实际的执行才能完成。我想，我们之所以不断开始却又不断不了了之，是因为进行这一件事时，并没有系统地规划过自己的步骤，也没有执行下去的动力。执行下去，得不到鼓励，而且很辛苦，或者还会面对批评、挑剔……

患得和患失，是懒惰和拖拉的孪生兄弟。一时兴起固然能进行一些任务，但完成一件任务更多需要的是系统地学习与坚持，这需要我们对自己更严格，需要我们改变原有的随意性。当一个人需要改变时，必须跳出那个自己觉得待着非常舒适的心灵区域，接受新的变化，才能达成某种程度上的飞跃。

每个人都有自己的舒适区域，在这个区域内是很自我的，不愿意被打扰，不愿意被逼迫，不愿意和陌生的面孔交谈，不愿意被人指责，不愿意按照规定的时限做事，不愿意主动地去关心别人，不愿意去思考还有什么没有想到。这种安于舒适的表现，在学生时代是很容易被理解的，甚至可能被视为“冷酷”、“个性”，但在工作之后，我们就要极力改变这一现状。否则，就会很快变成办公室里没有人理睬的对象。只要我们能很快打破之前所处的舒适区域，比别人更快地处理好业务、人际、舆论之间的关系，那么，我们就能很快脱颖而出。

职场领导十分痛恨听到的一句话是："我晚些时候会把这个文件发给所有的人"，因为这往往预示着我必须时刻提醒他不要忘记。同样，如"到时候我会把那些东西都准备好"，"大概是明天"，"明天或者后天客户会过来拜访"，"好像他说……"一般人都会这样说话，第一给自己留下了广阔的余地，第二也不会给别人造成很大的压迫感。说这话的人一般都不想动，不想打扰懒惰的身子和舒适的脑子，总想等着某天"有状态"时再去解决一切问题——我就是这么一个人，做什么事都指望一种情绪状态而不是意志力。无志之人常立志，我天天说要坚持要坚持，可是没有什么事真坚持下去了，当然，我还坚持活着，坚持每天最少吃一顿饭，凡是不需要意志力的本能行为，我倒都坚持了下来。

因为自己滥用恐惧，所以在面对任务或问题被领导查询的时候，我们往往会用一些似是而非或不确定的句子敷衍他们。比如上级问我什么时候能把一本书封面定了，我总是说："大约这周吧！"当领导问我何时交稿时，我总是说："争取下周吧！"当公司要求我提交一份资料时，我又总是会说："今天晚上或明天早上吧！"其实，这样的答案对于他们来说基本没有回答，还让我给人留下了说话不算话的坏印象。

这让我想起一个寓言。一只小老鼠刚刚出世不久，老鼠妈妈问它："你现在能看见了吗？"小老鼠说："能。"老鼠妈妈说："那你能看到那块红薯吗？"小老鼠说："是的。"老鼠妈妈说："那是一块石头，这说明你不但看不见东西，你连嗅觉都还没有。"

拖延和似是而非的应答往往会暴露出我们如下弱点：

1. 你之前没有想到这个工作，或者一直在拖延。

2. 你没有责任心，认为这些并不重要。

3. 你在敷衍别人。

4. 你不敢说真话。

5. 你毫无诚信可言。

戒掉那些坏毛病吧，虽然恐惧本能是一种保护机制，但滥用恐惧却无法解决恐惧本身的问题。

在乎外界的认同，所以我们容易受伤。太害怕心灵不舒适，所以我们拒绝担当，拒绝成长。但是，实际上没有什么好害怕的，越努力越好运，我们不会因为躲在自己的世界里就能被大家认同，只会因为敢付出敢担当而被大家认可。同样，问题不会因为我们拖着就自然而然地解决了，每一个问题都有自己的解决契机，过了时间不解决，就只能选择承受恶果。行动是治愈恐惧的良药，而犹豫、拖延将不断滋养恐惧。

无论我们是哪一个年龄阶段的人，都要敢做敢当敢成长，去爱去疯去后悔。因为人生最大的遗憾，不是做了什么让自己后悔的事，而是自己因为害怕后悔而不敢按自己最喜欢的方式尽情地活一遭。

只有一条路不能选择——那就是放弃的路。只有一条路不能拒绝——那就是成长的路。征服畏惧、建立自信的最快最切实的方法，就是去做令你感到害怕的事，直到你发现，生活其实没有那么艰难。

越能折腾的人越会有奇迹

> 作：从人，从乍。人突然站起来开始干点什么，就是作。出发，才能到达，如果我们想要到达远方，就必须起来，离开这里。事业并无大小，大事小做，大事变成小事；小事大做，则小事变成大事。

从我的住处到地铁口，有一段三站左右长的路，没有公交车到达，所以我只能走路到达。在这一段路上，我看到了真正的生活。

每一个人其实都是普通人，即使最普通的生活，都要靠做才能支撑，靠努力做才能发展。早上4点多就开始摆设小笼包摊点的夫妇，后来开上了小笼包店，生意还不错。下午4点多就开始卖臭豆腐的夫妇，一天能卖100到200碗，5块一碗，后来又多摆了一个摊点，他们还开始打算开个餐馆。不过是长沙偏远农村的穷苦人罢了，曾经连买肥料钱都欠缺的他们，只因为敢为改变命运而冒险，命运就发生了全然的改变。

生命在于折腾，越有生命力的人越爱折腾，越能折腾的人命运的轨迹越起伏跌宕，越会有奇迹。一般人改变命运为什么那么难？因为他们不行动！害怕付出一点儿后得不到相应的回报，所以选择了在平静的绝望情绪里挣扎。

人本来没有高低贵贱之分，什么样的出身和遭遇都会产生人杰。你说你想挣钱，又没别的本事，但要让你卖臭豆腐，你嫌风里来雨里去日里晒，太辛苦还丢脸；你说你爱写作，让你努力看书学习写作，你嫌看书烦从来不看；你说你想当工程师，问你想从事的专业，你一脸茫然地反问别人哪种工程师好挣钱。从来不动，只看到了别人的得到和自己的想得到，而没有看到别人的做到。

很多人成天抱怨命运不好、社会不公，觉得全世界都亏欠了自己。他们把自身一切不幸都归结于自己没有得到什么，而不是自己可以拥有什么、享受什么、付出什么。可怜之人必有可恨之处。伸手党总认为自己的需要理所当然地要被别人满足，而不去想想自己的奇葩痛苦是不是自己的奇葩性格造成的，因为他们看不见自己的不足。

我对这种人除了表示同情还是表示同情，因为这一切的一切都没有看到他们对自我的认可，他们之所以只看到了“我想要”，是因为没有看到“我能”。他们通常觉得自己很有本事，要干就干大事，结果发现连小事都干不了，他们无法从自己干成事的能力中获得满足感，对外界没有掌控力，凭着自己肤浅弱智的情感本能思考后得出的可笑结论就是：我之所以没有掌控力，是因为我没有钱，不漂亮，不聪明，学历不高，出身不好，世道太残忍……其实，世道的唯一残忍之处在于：它只馈赠努力的人。当然了，不要扯富二代官二代，却不想想人家的先人是怎么努力的，既然没有为自己努力的先人，那么不妨为自己的后人而努力。真有本事，咱做官富一代。

你不愿意努力的原因就是，你不具备在某件事上的处理能力。

这些是可以提高的，但你就是不愿意动，因为你也不相信自己真的能够提高自己的能力。我们生下来并不会说话，连别人说话的意思都不懂，只能连蒙带猜地揣摩，可是不也磕磕绊绊地学会了说话吗？我们刚出生时连脖颈都立不起来，只能哭闹着划拉小手小脚表达自己的不满，可是现在不是学会了走跑跳骂了吗？很多能力都是可以通过努力发展的，不努力行动是我们生活平庸的唯一原因。

不要扯社会地位，不要扯家庭出身，也不要扯学历文化，这些不好都不影响拥有能力。阿根廷的前总统夫人伊娃·贝隆就用事实说明，生活在底层没关系，出身不好没关系，没学历也没关系，不够漂亮也没关系，有关系的是你肯不肯折腾。

伊娃的父亲是一个农场主，母亲胡安娜去给当时有钱有势的父亲当女佣。尽管那时父亲已经是结婚有孩子的人了，但他不顾社会谴责，和胡安娜生活在了一起，并且生了一子两女，伊娃就是他的三女儿。

后来，由于父亲的原配发威，父亲到底是抛弃了她们。她们的生活来源从此断了，为了生活，胡安娜不得不替人做缝缝补补的工作，一家人过着贫苦的生活，还要忍受乡邻的欺弄与嘲笑。父亲去世时，伊娃·贝隆前去吊唁，却因为不被承认而被轰了出来。

她不爱读书，成绩一直不好，十五岁就辍学和布宜诺斯艾利斯市的一个歌手恋爱，可惜，涉世未深的可怜姑娘被欺骗了。歌手知道她一心想到市里生活，于是承诺带她一起发展而得以占有了伊娃。但伊娃到布宜诺斯艾利斯市没多久，就被他抛弃在旅馆里。谁也不知道她那时会有多绝望，没有钱付住宿费，更没有钱打扮自己，通过当服务员，她才勉强生活了下来。

她想当演员，可惜，身高只有155厘米，长得虽然端正但太硬气，而且胸部扁平，穿文胸都得靠塞纸团才能勉强成型。跑了两次龙套，演员生涯就中断了。每一个人都嫌弃她难听的声音，嫌弃她说话的怪异，所以谈了好多次恋爱，都以被抛弃而告终。但她是坚忍的，她有当演员的梦想，于是努力修正自己的发音，修正自己的表达能力，终于，别人不那么讨厌她了，她甚至有了较好的表达能力。一个广播电台的领导因为看中了她的表达能力，请她去做电台节目主持人。

在电台里，她声情并茂地讲述着一个个传奇女性的故事，在那儿扮演英国女王伊丽莎白、法国皇后约瑟芬等权力女性，仿佛她就是她们一样。很快，她就成了最受欢迎的电台节目主持人。但命运似乎总是和她开玩笑，在一个夜里，她被几个混蛋轮奸了，下身大出血，由于钱都寄给家里了，所以拿高薪的她竟然没法医治，这大约是她后来患子宫癌的主要因素。

为了扩大自己对上流社会影响，她不断进行与政府有关的一切活动。有一次，某个地方发生了地震，她跑去义演，在这里，她认识了在政界崭露头角的贝隆将军。她热烈地追求贝隆将军，可惜贝隆最初并不确定她可以成为自己的恋人。即使她向他发誓说：“我会好得让你惊讶！”贝隆也只是笑了笑。

为了走进贝隆的心，她不遗余力地追捧他的政治主张，利用广播电台宣传“贝隆主义”，她向广大“无衫汉”群体说：“贝隆将军是和你们站在一起的，我以前活得和你们一样艰难，贝隆将军能让你们以后过上我现在的生活。”她到处做慈善事业，每每冠以贝隆的名义，渐渐地，无数阿根廷底层人民彻底站在了贝隆的一边。

她将鼓舞人心、笼络群众的天赋发挥得淋漓尽致。她不把中产阶级放在眼里，而是将社会底层人民当作“重点培养对象”，这种“争取大多数”的策略获得了极大成功，她也因此有了一个新的名字：艾薇塔。

这种宣传不仅为贝隆赢得了很多民心，她也成为了红极一时的大明星，贝隆终于有些感动了，但感动不是感情，他只是愿意试着去理解这个女子。

在一次政变中，贝隆被捕，而贝隆在监狱的那段日子里，艾薇塔使出浑身解数，在全国各地宣传演讲，为贝隆争取民众支持。艾薇塔面对人民大众时，毫不避讳自己黑暗的过去，反而将那段经历当作拉拢人心的最佳工具。她最著名的一段演讲就是：“你们的苦楚，我尝试过；你们的贫困，我经历过。贝隆救过我，也会救你们！贝隆会支持穷人，爱护穷人。如果不是这样，他怎会对我宠爱有加！”

艾薇塔的话语感动了阿根廷平民，在她的鼓舞带动下，阿根廷全国各地都爆发了示威游行，要求当局释放贝隆，人群到处高呼：“贝隆总统！贝隆总统！”在民众的强大支持下，贝隆重获自由。在那一刻，贝隆深深地感受到了这个瘦弱女人身上的无穷力量，他彻底接受了这个来自底层的女子，那一年，他和她结婚了，他也成了总统。

成为第一夫人后，她没有忘记穷人。童年的经历像一场梦魇刺激着她，她知道穷人的苦难，她要为穷人谋求幸福。因此，她马不停蹄地奔走于工厂、学校、医院和孤儿院之间。为提高阿根廷的社会保障、救济、劳工待遇、教育水平等四处谈判。她每天要接见近一千个穷人，每天会收到三千多封信，还要应对政客和记者，以让人精疲力竭的程度为穷人们忙着。

她知道一个穷男人竟然有三个老婆，便收回了他的房子。工人们请求加10%的工资，她愤怒地说，为什么不是40%？然后直接加了70%。因为一家企业拒绝给孤儿院捐二万袋糖果，她直接让那家企业关门。她向一个经理索要捐款，经理同意给五千美元，后来同意给一万，她不爽，她要支票，要自己填数字。企业不想关门，只好给了她支票，她在支票上写的数字是：一百万。因为一家报纸不认同她的行为，她直接用4亿旧法郎买下了报社……

经过她一系列的努力，很多底层人民的生活得到了彻底的改变，她的声望远远超过了自己那位总统丈夫。她成了阿根廷的少男少女的偶像，广大穷人的救星。在很多人家中，艾薇塔的画像与耶稣像并排贴在墙上。在穷人的眼里，她就是一位仁慈的救世主！

为了更好地帮助穷人，她想成为副总统，可惜各种阻拦使得她失去了提名的机会。但这一切都不影响她个人的光彩，她被称作“贝隆手中的王牌”、“阿根廷玫瑰”、“苦难中的钻石”。可惜，疾病在彩虹之旅的半途袭来，但即使躺在病床上，她也在坚持自己的工作，通过电话向全国发号施令，通过广播发表演讲，还接待国内外友人的来访。病情刚刚有点好转，她又重新开始轰轰烈烈的社会活动。她创办了阿根廷“第一夫人”基金会与穷人救助中心，大规模建立医院和学校，还亲自在一所大学里讲授“贝隆主义”。

33岁那年，她的生命走到了尽头。她真的为穷人燃尽了自己的生命！她去世那天，阿根廷国家电台的广播员声音哽咽地向全国宣布：“艾薇塔·贝隆——国家灵魂、民族的精神领袖逝世了。”阿根廷的生活停止了，学校停课，工厂停工。阿根廷人从四面八方涌向首都布宜诺斯艾利斯市，不少人长途跋涉数千公里，只是为了送别他们心目中的“玫瑰”。人们不断地呼喊着“艾薇塔”，70万人向艾薇塔的灵柩致哀，有的人当场哭晕过去，有的拼命去吻她的玻璃棺，16人因为挤撞而丧生。为维护秩序，政府不得不出动军队。失去艾薇塔的贝隆总统，很快也失去了政权，被流放到国外。直到他与新妻子伊萨贝尔回国，借艾薇塔的余晖，才重回总统宝座。与其说人民期待的是贝隆总统回归，不如说期待同为演员的伊萨贝尔成为另一个艾薇塔。

艾薇塔走了，但她已经成为人们心中永远的艾薇塔。为了纪念她，人们把拉普拉塔市更名为了艾薇塔·贝隆市。艾薇塔用她的折腾精神，成功地从社会最底层爬到了最高层。这个没有好的家世，没有高的学历，没有非凡的美貌，丢在人堆里，只是个小清新的姑娘，却靠着自己的努力，活出了一番几乎再难有人企及的风景，让我们这些抱怨出身不好，只有本科学历的人情何以堪？她唯一能依靠的就是折腾劲儿罢了，只是不断根据社会需要提升自己的折腾劲儿罢了。

这让我想起了我妹妹，和艾薇塔同样是双子座的她也特别爱折腾。初中毕业后，她从贫苦的家中跑到沿海电子厂做流水线工人，不断受伤，不断学习，不断努力，虽然过程很纠结，但现在，她已经有了一家相当不错的美容院。想想，要是没有折腾精神，她可能只是打几年工回家随便嫁个人相夫教子罢了，哪儿会有今日生活的精彩？

很多时候，我们只想折腾别人来满足自己，我们无力去抗争，是因为我们不敢去行动。有一本书叫《做，才是得到》，我当时狠狠地对病句书名嘲笑了一把，现在才明白，要能，才能做；能做，总会得到，哪怕是得到教训，也能提升自己，所以做才是得到。当年我笑他人痴，此时我羞我无知。

越努力越幸运，坚持没有那么难

> 坚：从臤(xián)，从土。臤为古“贤”字，土表示地或坤。地的贤德是什么？《易经·坤》云：“地势坤，君子以厚德载物。”可见，坚字不易，对生活要有包容之厚德。持则说明做什么都要有度，不能随心所欲，不能做什么都三分钟热度。

凌晨4点醒来，上完厕所后，本以为还可以继续香甜地睡去，不料在床上辗转了半天都没睡着，起床吗？我心里挣扎着，起床太早，可是要熬到能睡下时，已经太晚了。挣扎了半天，我还是起来了，虽然不想开电脑，但算计着可以拖拖很久没有拖过的地，洗洗积垢多日的锅碗瓢盆，怎么着也得一个小时吧？然后再洗洗脸化化妆，就五点半左右了，走到地铁就6点了，到公司也快7点了吧？

还真别说，原来灰蒙蒙的窝，硬是被我拾掇得亮堂了起来。随后还做了点吃的，这时感觉其实早起做家务也还好，没有我想象中那么痛苦，我记得我是宁愿加十小时班也不想做半小时家务的人。

做完家务，收拾好办公用品后，我照例洗了洗脸，开始化妆。这时候，我突然发现，多年以来，每逢出门，我铁定会认真修饰自己的容颜，雷打不动。我一直是一个没有坚持力的人，除了一些被动行为如吃喝拉撒睡之外，从来没有坚持过什么。学什么只有三分钟热情，做什么都是三天打鱼两天晒网，工作也没谱，总是不老老实实上班，今天迟到，明天早退，后天找借口旷工，有时甚至直接辞职，偶尔有辞也辞不了的工作，索性就不去了，玩消失。

好不容易才得到了勉强可以坚持的工作，我却总是想方设法逃避打卡，有时找人代打，有时让领导签字，有了指纹打卡机后，我的烂手指直接帮我逃避了每天打卡的纠结，只需要签到就好。并且我从来不主动签字，永远是等到考勤人员到月底时来找我，一次性签完。

我常常以“我就是个意志薄弱的人”、“我就是个懒人”、“我就是个不争气的人”、“我就是个不坚强的人”等借口来拒绝主动，拒绝坚持，拒绝努力，活得十分被动。只有那些一点心思也不花，或必须要解决的问题，我才会去解决，比如呼吸。我不需要为呼吸费心思，所以这件事我坚持得比较好，很多年如一日地坚持着，没有一分钟放弃过。可以想象，如果不出意外的话，在未来几十年里我还会坚持，我相信我会坚持到生命尽头的最后一秒，这是最让我有成就感的一个坚持。坚持得次好的便是吃喝拉撒睡，根据需要搭配衣服以及胡思乱想，第三个让我孜孜不倦坚持的就是化妆了。当然，还有一些事我也不知不觉地坚持了过来，比如偷懒、耍滑、走神、抱怨、愤怒以及时时下不了决心改变等，但能提一提的还是对化妆的坚持。

我多年以来练就了一整套调色功夫，能硬生生地把那张面容扁平眉淡眼小的平庸脸庞提升到中人之姿，以至于我的男友常常取笑我说："你要是不画眉，就是蒙娜丽莎。画了眉后，猛地一看像小野丽莎，还蛮漂亮的。"表面上我对这种调侃一笑而过，内心却觉得自己实在太丑了，蒙娜丽莎虽然没有眉毛，可是面容立体五官精致，有着美丽的鼻子及大大的眼睛，而我呢？一双眼一大一小，脸上顶着老大的毁容性疤痕，我连蒙娜丽莎美丽的十分之一都没有。由于害怕丑得惊动全国人民，所以我拼命掩盖缺陷。身高是硬伤，没有办法改变，但肤色与五官，我可以玩玩儿视觉错觉，尽量少地减少别人的不适感，毕竟太拖累环境是一种对他人的伤害，我可没有权力随时随地让别人处于视觉障碍中。

所以，从每天的两小时，到熟能生巧后的每天十多分钟，我一直坚持着，偶尔不需要外出的日子，也间断一下，但如果不是特别计划，我总是会坚持化妆的，毕竟不想男友突然出现时，我还没有准备好。看看吧，每天花十几二十分钟坚持做一件事也没多难。可是别的坚持，就不堪一提了，本来想每天早上早起5分钟坚持练英语口语，可不是觉得还想睡会儿，就是用要刷帖子、看电影、打游戏等借口推掉，我宁愿花五小时盯着游戏屏幕的单调重复动作，也不会花5分钟去学习几句口语，所以直到现在，我的口语能力还不如小学生。

听说，有个是穷屌丝的小学老师，特别爱研究汉字，他竟然把整个《汉语大辞典》都背了下来，是整所学校著名的活字典。由于学术能力暴强，所以穷屌丝被国家语言委以极高的待遇请去了，从此摆脱了屌丝地位。我当时表示很羡慕，觉得这位穷屌丝的运气实在太好了，我其实认识很多字呢，一般人认识两千多字，我认识至少六千字，按国家标准来说，达到了一流编辑需要的水准，可是就没人请我去什么语言委或什么研究部门。后来又看到曾经是屌丝的俞敏洪讲自己苦哈哈的青春和后来飞黄腾达的人生，我又慨叹他的时代好，做什么都能成。再后来，连罗永浩和他的朋友们也办起了英语学习班，逆袭成功时，讲自己为了坚持背单词，励志书论斤买时，我才终于有一点点儿反省了：成功是因为幸运吗？NO，成功是通过提升自己的能力，来使自己免于怀才不遇。所谓的幸运，其实是努力之后有了能力，于是机会便找上了你的结果。

我常常告诉自己一定要如何，可是我常常不坚持，真是应了那句老话，“无志之人常立志”。从小到大，从大到老，我每天立下的志都能堆起一座珠穆朗玛峰了，可是我的脚步，还没有到达喜马拉雅脚下，不，是根本就没有出发。我总想再准备准备，再拖延拖延，再逃避逃避，再懒散懒散……

我给自己贴上“我就是某类人”标签，然后理直气壮地放弃行动。俞敏洪研究词根的时间，我在打游戏；罗永浩背单词的时间，我在浏览网页；贝隆夫人练口才的时候，我在刷微博；乔布斯研究苹果的时候，我在看电影，为里面的悲欢离合而喜怒哀乐；贝尔在训练的时候，我在干什么呢？我在发呆，在想怎么样才能让生活过得更自在一点儿。

我常常在想要怎么努力，但我从不去努力，我常常担心要怎么做才会改变，但我从来不去做。屌丝是怎样炼成的？就是只想不做，被动地活着而炼成的，虽然我知道要成为牛人得从做牛开始，但这些都只停留在理论层面。牛叉的结果往往有一个苦叉的过程，而苦叉的结果则有一个充满各种安逸和放纵的过程，我只羡慕别人的牛叉结果，而不喜欢别人的苦叉过程。我只羡慕别人的能力，而不羡慕人家为了拥有能力而付出的努力。果然是可怜之人必有可恨之处，“哀其不幸，怒其不争”这句话真是为我量身定做的。

像我这样的人，由于不想玩命，所以被命玩；由于成天混日子，所以被日子混了；由于不敢强奸生活，所以终日被生活强奸；由于不敢扼住命运的咽喉，所以被命运扼住了咽喉。像我这样的人，才会明白抱怨是怎么产生的。不努力，又不甘心，怎么办？当然只有抱怨了。

我常常“反省”，这种“反省”还是“有用”的，我每天至少“反省”十次，比“三省吾身”勤快多了，并且每次都能发现自己的一些问题，每次还都虚心认错，但就是坚决不改。所以，直到现在，我的“反省”还是停留在“你看你太懒了，太拖了，一定要改啊！我决心明天开始，不再拖延”。过去的昨天确实已经过去，而没来的明天却一直没来。

自从做了专门看书的工作后，我就不看书了。我很努力地作了很多学习计划，比如利用坐地铁的时间读书或练口语。不过，每当走进地铁列车里，我就开始玩智能手机了，天涯都刷得想吐后，我开始玩数独，什么读书学习计划都被抛到一边了。当我发现自己有了智能手机后的沉沦，便开始抱怨：智能手机害人呀！

有一天，我进地铁后发现手机没电了，手上恰好又拿着一本《这个历史挺靠谱》，于是便翻了起来。袁腾飞老师的书还是很有趣的，半个小时里，我看了三十多页，按照这本书的版心字数来看，每页大约七百多字，如此看来，半小时我看了两万字左右。在这半小时里，我看到了好些处病句，几个错字与空格——强调这些的原因，不是为了批判书稿的编校质量问题，而是想证明：我看得很认真。我挺高兴的，这本书二百四十多页，一天三十多页，一周多就可以看完。可惜的是，一个多月过去了，书签还在三十几页，因为打那以后，这书再也没有拿到地铁里看过。

我对增肥没有做过计划，只是常常在不知不觉中多吃了点，于是半年后，体重成功得从原来的不到90斤增加到了104斤，由此可见，不去执行的计划还不如没计划的执行。

为了给懒惰找到说服他人、欺骗自己的借口，我找了很多高明理论，道家不是讲无为吗？佛家不是讲四大皆空吗？武侠不是讲无招胜有招吗？只是在我发现人家的无为是指尽人事知天命，人家的四大皆空是指一切色法都是变化之象，我们要接受改变是个事实。人家的无招胜有招是什么招都会了，融会贯通之后的不拘泥于形式之后，我才老老实实地接受了做才会改变，坚持才会实现这个现实。

说到底，是在活着时就已经死了，还是在死了之后还活着，完全取决于我们做不做，坚持不坚持，而不是不劳而获地得到了什么。

“骐骥一跃，不能十步；驽马十驾，功在不舍”，坚持，是一个过程，一个持续的过程。想成一事，必从小事开始，“聚沙成塔，积少成多”，要知道，“不积跬步，无以至千里；不积小流，无以成江海”。大道理，谁都会说，但是，能够真正“坚持”下来的人又有多少？

从化妆例便可以看出，由于我认为形象是件非常重要，必须每天都要解决的事，并且只要花时间完成了这件事，就能看见结果，所以我能坚持化妆，不觉得这个过程是让人痛苦的。由此可见，很多事，我们之所以不愿意立即去做，坚持去做，是因为它不够重要，不能立刻看到结果。但在生活中，有很多事都是不可能通过简单重复的短时间劳动就能马上看见结果的，这种对结果的不确定使得我们失去了坚持的动力。我们要打破这种思维定式，只有把大目标分解成无数个小目标，让我们尽量短地得到一点结果及回报，我们才容易坚持下去。

日日行，不怕千万里；常常做，不怕千万事。很多人都期望自己的学业、事业能够一帆风顺，做事能够一劳永逸，但真正的一劳永逸恐怕没有我们想象中那么幸福。

记得当年疯狂玩《热血传奇》时，为了升级，我可以没日没夜地苦练。有人找我做了个实验：给我全服最高的级别，别人永远达不到，给我全服最好的装备，要什么都可以。有了那个在游戏里唯我独尊的号后，我开始美了一阵子，原来杀我的人能轻易地被我秒杀，原来要打半天的BOSS不用半分钟就能解决，原来去不了的地图副本统统被我征服，那感觉真是太爽了。我还可以继续升级，只是慢一点儿罢了。但是，这种幸福感没有持续多久，就感觉游戏索然无味了。因为级别最高，别人怎么也超越不了我，我不想去升级，因为没人打得过我，我也不再热爱PK。因为装备是最好的，所以也失去了打装备的动力。因为钱最多，多得买什么都不可能花完，所以，连我最钟爱的金币，我也不去捡了。开始当法尊时被别人崇拜羡慕的感觉是很不错，但到后来习以为常，无论谁对我表示羡慕，我心里都难以产生一丝波澜。

这时我才明白，真正的幸福，是你发现自己还有向上的目标，只要自己努力，就可以看见的成功在望。真正让我们有幸福感的，恰是自己用能力满足自身期待的过程，恰是这个让我们努力坚持的过程，而不是我们什么也不用做就拥有想要的一切。我们之所以那么在乎物质结果，是因为我们需要物质来延续以及延长生命的过程。

人生本是多变的，生命之旅充满了曲折，风波虽然会阻碍我们前进的脚步，拖延我们前进的时间，但恰恰因为有曲折，有风波，才有了实现幸福的可能。我们选择了人生，选择了生活下去，便只有风雨兼程。

我们或许可以不优秀，但绝不可以不努力，踏上了生命征途，就得坚持走下去。

越努力越幸运，不是简单的励志短语，而是最基本的因果定律。你若努力提高自己的服装设计技术，随着日积月累的成果，总有一天大公司会找到你。你若努力提高自己的写作能力，慢慢地形成自己的思想体系，总有一天，我这样的编辑会找到你。你若努力提高自己的选题策划能力，做出畅销书来，总有一天会有出版公司出高价聘请你。

机会是努力坚持出来的，那些抱怨自己不幸运的人，不是因为他们没有机会，而是他们没有抓住机会或创造机会的能力。

你必须自己竭尽全力，别人看起来才会觉得你过得毫不费力。

很多时候，我们通过自身的努力，就可以把世界的一部分，改造成我们希望看到的样子，也有很多时候，即便我们穷尽所有的辛劳和智慧，也不能把世界的方方面面都变成我们希望看到的样子。即便如此，我们也没有理由一边什么都不做，却一边抱怨世界怎么不是我要的。即便很多时候，付出后的回报是生命不能承受之轻，我们也不能放弃努力，因为放弃努力就等于放弃了所有的希望，放弃了对生活的仅有的一丝掌控。所以，虽然世界非我们所愿，但我们可以用自己的双手，去做，去努力改变。

莫找借口失败，只找理由成功

你敢不敢为理想决绝一点儿？

> 想：心形，相声，相指事物的样子与状态，心指感知能力，想这一字，即是说，根据事物状态进行判断思考，才叫想。合理之想，谓之理想。不合理之想，叫妄想。

网上曾经流行过这样一句话：“理想很丰满，现实很骨感。”看上去似乎有些道理，但仔细一分析就会发现，这句貌似很酷很真相的话并没有什么真理性可言。我们所谓的理想不是什么有计划有目标且排除不可抗力因素外可以通过具体的努力便能实现的抱负，只有想，没有理，而且还是彻彻底底的个人希望被外界满足的欲望。我们连自己一根头发的颜色都决定不了，还想决定环境如何配合我们，结果当然是注定了的。这种毫无理性与合理性的自我欲望实现期待，只会招致彻彻底底的落空。就像“王子与公主结婚后，开始了幸福的生活”永远只是童话一样，现实生活的琐碎往往会把我们自以为是的理想、梦想、幻想各个击破。

其实，骨感的不是现实，而是我们的心智。勒庞说，大众只是一群低能弱智无理性的本能性动物，不具备独立思考的能力。这句话说得蛮好，我们中的很多人只有感觉，以及根据感觉产生的本能期待，并且，他们还把这种因为本能产生的期待当成思考的结果，而不是用真正的理性去思考、分析。比如，一个叫小蒋的人，今天因为不遵守交通规则，差点出车祸。由于惊恐，他开始“思考和反省”自己的行为，得出一个或多个“思考和反省的结果”：如“我要是早跑几步，可能就不会险些被车撞了”；“以后再遇上路况不好判断的路，还是多看看……”这就是他的思考程度了，因为本能反应只有这么深，所以他并不会通过差点被撞这个事件再思考出更多的东西来。

由于很多人用本能和情感代替思考本身，也用本能和情感来判断自己境遇的是非功过。所以一些明明有特殊理性逻辑的概念、词语或对象，到了他们那里只能被简单地用来表达自己的愿望和欲求。比如“理想”这个词，本意是对事物的合理想象或希望，是对人生境遇的合理期待，但他们却把“理想”理解成“你想”，觉得自己想怎么样就是理想。这个世界是“你怎样，世界就怎样”的世界，不是“你想怎样就怎样”的世界，“你怎样，世界就怎样”意味着，排除不可抗力因素和一些突发因素，你在这个世界付出了什么，世界就回报你什么，而不是你想要这个世界为你付出什么，世界就为你付出什么。

所以，当我们谈“理想很丰满，现实很骨感”的时候，还是先搞明白自己的“理想”究竟是有可行性的人生抱负，还是纯粹“你想从这个世界得到什么”吧！不然，我们永远都只能慨叹世界如此险恶，自己太单纯了容易受伤之类的话。如果我们的“理想”还仅仅是要获得某些纯粹私欲上的东西，即使勉强接受了“付出才有回报”，也无法真正理解“付出是什么回报是什么”，然后无限高估自己的付出，无限低估自己的得到。这样的人，终其一生的理想不会是真正的理想，那些似是而非的理想多半是“我要嫁个有钱人”，“我希望年薪百万”，“我要买三套房子两辆车子”……这些是利欲，和理想无关。

理想是奋斗目标，不是利欲满足。一个拍电影是为了片酬的演员不是有理想的演员，一个拍电影是为了在里面表现出什么的演员，才是有理想的演员。当然，理想并不是与利欲完全隔离的，相反，有时它们还是成正比的难兄难弟。实现了理想的人基本没多少利欲困扰，而一个从来没有理想只有利欲的人，则注定了终身受利欲困扰。君不见，如果一个人的辉煌没有为理想而奋斗的苦难过程，那么，它很可能遭遇一个苦难的结果。因为没有理想的纯粹利欲奋斗太容易偏离正义和公平，很少有人为了理想不择手段，但为了利欲不择手段的人却太多了。

当然，跟大众谈理想太奢侈，跟中国人谈理想更奢侈。在一个没有安全感的社会里，唯一能让所有人都为之疯狂的东西就是物质保障。成天担心物价房价薪水的我们，哪儿有心灵空间和理想谈谈？现实很丰满，但我们的生存能力太骨感了，承担不了那么厚重的现实，更承担不了坚守理想的代价。一两千元甚至仅几百块工资的增加就能忽悠我们换工作、换行业，大多数人都受制于一时的物质困境，一味追求物质的获得，哪怕一丁点儿的获得都能对我们产生极大的诱惑力。实现理想需要极其强大的自制力和自我牺牲能力，一个拼命追求外在安全感的人，哪儿谈得上为了理想而牺牲奋斗？

实现理想从来不是一件容易的事，确实有的人是有“理想”

的，他们的理想虽然是除了利欲之外的具体的奋斗目标，但只停留在想上，而不是理上。理字，既有物质本身的纹路、层次，客观事物本身的次序与规律的意思，也有根据实现的目标合理制订方法或途径的意思，总而言之，理想，就是根据一定的方法去做，就能实现的某种美好愿望。

这些只有想，没有做的人，他们的理想只是谈资，只是口头禅，只是一种对日复一日枯燥贫乏生活的鸡肋式安慰。这种只把理想挂在嘴上的人，内心往往充满了恐惧。虽然对生活十分不满，也常常在夜深人静的失眠时分思考自己要怎么办，做点什么，但白天一起来就很快忘记了自己在无数个不眠夜的苦思，继续陷入生活的琐碎里，陷入没有自制力的本能困扰里。晚上千条万条路，白天回归原处。昨天夜里因为心灵受到委屈和痛苦而产生的改变之心，在面对打麻将、打牌、打游戏或看肥皂剧的诱惑时那么不堪一击！

在需要心力、时间、耐心、努力和有结果约束的任务面前，他们总是懒得动，总想逃逸，完成一点点工作后就想消极地打发时间或混日子，然后开始抱怨日子太枯燥生活太辛苦。但是，别看他们懒得动，其实他们更闲不住。只要一有空闲时间，他们就会想着找点乐子打发时间，甚至寻找精神麻醉，以使自己在空闲时过得不那么无聊。所以我们看到这样一个怪现象，他们的日子，不是挣扎在琐碎重复的痛苦里，就是在挥霍人生的无聊里，难怪法国剧作家尚福尔说：“幸福不是一件容易的事：她很难求之于自身，但要想在别处得到则不可能。”

歌德说：“大众，不分贵贱，都总是承认：众生能够得到的最大幸运，只有自身的个性。”如果我们没有一个有幸福能力的个性，那么我们就不可能有幸福。如果我们没有实现理想的个性，我们也不可能实现什么理想，而仅成为一个只会羡慕他人实现的理想的人。

理想所需要的个性特质包括智慧、坚持、勇敢、勤奋以及有担当。同时，由于没有目标，所以我们不知道自己为什么活着，盲目地把别人的物质条件当成自己的奋斗目标；由于我们不敢坚持，所以有很多理想总是死在半路上；由于我们懦弱，所以有些理想只停留在想上；由于我们没有担当力，所以每当真正面对理想，发现必须放下什么、牺牲什么的时候，我们就退缩了。因为我们害怕失去一些什么后，或没有按普通人口中泛泛的标准而活，我们的生活就得不到预期的保障，所以我们中很少有人积极主动地去接近自己想要的生活。我们终日为琐碎而重复的生活烦恼不已，为自己的价值得不到体现而不甘心，为时光如流水般飞逝而惊恐，却从来没想过行动起来，用心浇灌自己的梦想。

无论对谁，能够实现梦想都不是一件容易的事，但绝对不应该因为有难度就轻言放弃。梦想能不能实现是一回事，是否付出努力又是另外一回事。但我们的结果性预估习惯有偏差，我们又那么在乎结果对于自己的价值，所以当结果预估偏差呈负性时，我们就会拒绝可能产生这些负性结果的一切行动，而不是积极为行为过程中可能产生的问题找方法。这种逃避型人格的人有一个最大问题：自卑。不相信自己对事件的掌控力，也拒绝为提升自己的掌控力和承受力而努力，这是因为他们不确定努力的过程是否舒适，不确定努力是不是有用。过度的自卑导致他们一点儿冒险的勇气都没有，只想在安稳里寻找娱乐刺激或享受精神麻醉，没有改变现状的动力。

伏尔泰说："当我们离开这个世界的时候，这个世界还是照样愚蠢和邪恶，跟我们刚来到这个世界的时候所发现的并没有两样。"如果延伸一下，可以说是："当我们中的很多人离开这个世界的时候，他们还是照样愚蠢和邪恶，跟他们刚来到这个世界的时候没有两样。"确实，他们来世界一遭，只是磕磕绊绊地学会了用本能和情感支配自己的肉体，掌握少量基本的通识，然后或命运多舛或糊里糊涂地过完了这一生。直到人生结束，也没有看清自己要的是什么。人之将死时的善并没有多大的生命真相，只是本能与情感反应性思维让他们发现自己的一些错误、偏执的行为不能真正满足自己的利欲时，才勉强感觉自己可能走错了路——真正的根本性的思考依然没有出现过。

他们不大敢做最真实的自己，虽然偶然有点叛逆心理或行为，但很快就会因为利欲问题而终止自己的叛逆，因为叛逆的代价是他们不愿意接受的。为了让自己被大家接受，他们不断修剪着自己的性子和习惯，压抑着自己的自利本能。无数人背负着各种求接纳求认可的压力，为了被认可，他们坚持、忍让、抗争着，但最后的结果却是自己被自己的认可需求碾得支离破碎！

有人说，比人生未知的历险更可怕的，是那种一眼就看到老死的时光。世间万事，因有了苍凉和不堪，才有所谓温暖和美好。

谁的生命都是一朵天生天养的花，不需要谁人的浇灌，也不必非得盛开给谁看。

一个人生命的范围，就是他所走过的路，做过的事，遇过的人。如果还有什么理想和目标是我们想囊括到自己生命中的，那么，我们就必须为了实现它而上路，用自己的脚步，认真地丈量我们的人生。如果你有一个理想，你要做的，就是相信这个理想能实现，然后去实现。

电影《当幸福来敲门》有一段经典台词："当人们做不到一些事情的时候，他们就会对你说，你也同样不能。而你，则要相信你能行！别让别人说你成不了才，别人不可能是先知，别人也不能成为你，不要给自己下这样失败的定义！如果你有梦想的话，就要去捍卫它。那些一事无成的人想告诉你，你也成不了大器。如果你有理想的话，就要去努力实现。就这样！"

要实现理想，就得有一份实现理想的决绝，即使我们身在忧患中，即使是在生死成败的边缘，即使是在善恶是非的边缘上安身，生活得如临深渊、如履薄冰，也得有一份不介慧与绝不苟且的硬气去坚守自己的理想。

凡事不是努力便可得到

> 得：左边是彳（chì）和亍（chù）。右边是贝和手，行动，手里获取到了财货，这便是得。但是，我们的手能有多大呢？能掌握多大的财货呢？我们所能得到的，仅仅是我们能掌握的那部分，不会超越我们自身福慧德力，不是只要我们渴望了努力了，就真的可以拥有想要的一切。

俞飞鸿拍过一部电影——《纠结》，看到这个名字时竟然想到的是《金刚经》中的一句话：如雾亦如电，如梦幻泡影——叫《爱有来生》，男主角叫阿明，女主角叫阿九。现在我都还记得他们那两句凄婉绝伦的心声：

阿明：今生的我还在等前世诀别的一泪词，手握杏叶的承诺，而你此刻身在何处？

阿九：如今的我仍在煮青花瓷杯的半盏茶，可你转世的脸孔究竟轮回在哪一户？

她是陌上花开好，他是行马过路客，本该没缘法，转眼就会分离，却不想他嗒嗒的马蹄兀自惊醒了一场悲剧："那时节正值花盛时节，开得煞是灿烂，桃树边是倾泻而下的瀑布，弟弟看见了一个女孩子正坐在溪石上看书……她怎可以那般美，美得触犯了他。"于是阿明思有了邪，不顾她的意愿强抢而去。他的柔情似水似乎融化不了她内心的坚冰，其实，她的心如钢铁已经被他的深情化为了绕指柔情，只是他不懂，不懂她为什么永远只和他说那句让他无言以对的话：“茶凉了，我再去给你续上吧……”银汉无声转玉盘，所有的淡淡，都埋着无以言表的深深。

他恨她的决绝，于是出家了，她却开始来看他。可惜，因为哥哥的死和她有关，两人阴阳相隔，再也不能在一起了，于是许下了来生再相认的承诺，他在银杏树下等了她五十年，而她要的幸福已经有了结果。相认，好不容易勉强相认了，男主角悲怆离去，却不是我们最快乐的结局，等了那么久，竟然得不到有情人长相守的结果，难道无论我们守候多久，都不可以无视现实的残忍？作为观众的我实在满心都是泪在奔。

但真相就是这样，生活不是我们努力了就什么都可以得到，也不是我们耐住了寂寞和孤独，静默地等待了，就一定能得到我们最想要的结果。努力了，只能说明更接近得到。

或许，我们每一个人，都曾经傻傻地相信：只要坚持就是胜利，只要努力就什么都可以。也许还有一部分人现在依然是这么想的，也许你现在也这么想。但是，回首过往的一幕幕经历，总有那么一些事，纵使我们如何坚持，都无法逃脱失败之痛。

《山海经》里有夸父追日、精卫填海等故事：夸父一直追着太阳奔跑，由于口渴，他喝干了黄河和渭水，即使如此，他还是没能追上太阳，而渴死在了大泽；精卫年复一年地衔枝投石，却也没有把大海填平。没错，如果一些目标偏离了我们的方向，或大大超越了我们的能力，那么，无论我们怎么努力，都可能无法达成。我再怎么努力，这一辈子都成不了高盛CEO，你再怎么努力，成为美国总统的概率也低得近乎于零。而另一些则是我们命中注定无法获得的东西——金庸小说《雪山飞狐》中的程灵素，无论怎么努力，都得不到胡斐的心，悲凉如她的心境，只能用“我已将心托明月，明月却只照沟渠”来形容。

闻名世界的行为主义心理治疗大师阿尔伯特·埃利斯认为，生活中不如意的事件本身，并不是痛苦的最主要来源，人们的痛苦大多来自错误或不实的信念。灾难事件和给当事人带来的创痛的里面，隐藏着一些不理性的信念，比如“任何人只要做好事，努力的付出就应该获得相应的对待。这世界必须是公平的，符合逻辑的”。太多的“应该”和“必须”让我们为生活中已经发生的不如意产生怨恨心理，“我只要好好地努力，就应该得到升职的机会”，“我只要不断地付出，我的爱人就应该继续爱我”，“只要我好好地对待他人，就应该得到他人的尊敬”……

但是这个世界上有很多事情，不是只要努力就都可以得到！

我们改变不了别离，生命注定有太多的离开。那个不断给我们重复说“茶凉了，我去给你续上……”的爱人会离开；那个在冬天里会给自己暖脚的妈妈会离开；那个会给你讲各种精彩故事的爸爸会离开；那个你视为生命意义的宝宝，同样会在某天，因为长大了，要离开——无论是离开一个地方，还是离开一个世界，生活却依然继续着。无论你的心情多么低落，世界都不会陪着你一起悲伤，正如一首英文歌所唱的那样：“今天不是世界末日吗？为什么太阳还是升了起来？”

但是分离不一定是永别，或许，是为了下次重逢的喜悦。

我们改变不了出身，谁的出身都没有选择。我们常开玩笑说说投胎是个技术活，说得貌似我们还能选择出身。其实，无论谁，无论做出什么样的努力，都无法选择我们的出身，无法选择自己的父母，无法选择地域，无法选择肤色，连一根头发的弯直，我们都无法决定。

一个从贫穷的山村走出的男孩与一个城里的姑娘结婚了，他的社会地位、工作环境和生活状态，在他的努力奋斗下，都得到了极大极好的改变，但他一直不敢告诉妻子自己的真实家境，他家太贫困了。有一天，一个衣衫褴褛、驼背佝偻的女人敲了他们家的门，夫妻俩打开门，女人露出鄙视的眼光，男人露出无奈和难受的表情。这个女人正是男人的母亲，但他在城里妻子面前努力地保持镇定说："这是我老家隔壁的阿姨，顺道来看看我！"老妇人听到了这句话后，流着泪默默地离开了，回去没多久就自杀了。男人的虚荣害死了自己的母亲，非常令人惋惜。

出身是个特别的印记，谁都无法改变。我们可以努力改变自己的生活，改变自己的社会地位，改变自己的未来，但是，无论我们付出什么样的努力，都改变不了我们的出身。有句网络流行语说得好：改变能改变的，接受不能改变的。有时候，坦然地面对自己的弱势，反而能让我们得到更多的尊重。

我们无法赢得某一个人的倾心。生活里的朋友总会跟我说，我不知道为什么就是喜欢她？但是我不要喜欢她，我想尽一切办法想忘掉她，可就是做不到。还有人跟我说，为什么我对他这么好，我却得不到他的爱？我把我的青春都给了他，为什么得不到真爱？为什么爱得这么辛苦，这么痛？我为他付出了一切，他为什么还是要离开？

其实，我们会爱上那些对我们感兴趣的人，因为我们对自己是如此的感兴趣，我们从内心渴望找到那个与我们有同样癖好的人，于是希望和那样一个人在一起。很多时候，我们之所以渴望爱情，不是因为自己爱上了谁，而是因为我们难以抗拒被爱的感觉。

爱情世界里是没有等值回报的，或许你努力付出了所有，到最后却落个一无所有！积极心理学家埃伦·兰格认为，当我们注意到某人的行为与我们的期望不同，而又没有努力去了解和理解背后的故事，就容易对别人做出极端的评价，这也是歧视的根源——未能看到他人完整的一面。我们总是习惯用封闭式的思维方式来看待别人，并且常常把别人的差异看作不可饶恕的愚昧和错误，我们的人际态度也反应出我们的生活态度。其实，很多因种种不如意而认为生活“不可理喻”的人，痛苦的最主要来源并不是事件本身，而是那些对生活僵化封闭的信念——只要好好努力，我就应该得到升职的机会；只要不断付出，他就应该继续爱我；只要善待他人，他们就应该发自内心地尊重我……太多的“应该”和“必须”，让我们执着地认为生活只应该有一种可能——我们喜欢的那种“可能”，而这是最大的错误。我们只能对自己的行为负责，不能把自己需要被满足的期待强加给别人。你的付出，是经过你思考后的投资决定，但只要有了这种投资心理和投资行为，成功与失败，都有50%的可能。

我们也无法挽留消逝的时间，人生在世，时间如白驹过隙，年轻的时候，我们疯狂地挥霍青春，只想及时行乐。皮肤的日渐松弛让我们明白，自己曾经白白浪费过多少岁月。于是我们学会了努力，但时光终究是流逝了，无论我们多想努力，也不可能实现真正意义上的时间挽回。努力地工作，一天会过去，继续懒惰，时间依然在过去。我们唯一能做的是，不念过往，好好地活在当下。

总有一天，我们要面对死亡问题，有人说：人生就如一列驶向死亡的列车，不知道什么时候到达终点站。可以说，对死亡的恐惧是我们的本能恐惧，因为我们不知道死亡后会是一种什么样的状态。活着的日子，无论苦乐，我们至少还是能有所预期的，至少还是能在相应的情况下有所选择的，但死亡，就如漆黑的夜晚里的黑，无边无际的黑，吞噬了一切。

古往今来，不知道有多少人竭尽一生来追求长生，可惜再怎么努力都无法逾越自然的法则，无法逃脱身体机能的消亡。

无论你是穷人还是富人，是平民还是贵族，最终都得面对死亡这个一切生命的终结者，谁的努力在死神面前都显得那么苍白。生命是一个过程，死亡是必然的结果。既然是这样，倒不如把努力不死的精力放到努力活得精彩上。

我们也无法拒绝人生中会产生的一切小概率事件，凡是会发生在别人身上的事，都有可能发生在我们身上。一切因为小概率事件导致的不满，都是一种侥幸心理期待被打破后的不满。我们其实一直都是很幸运的，虽然每天都有我们不得不面对的小烦恼和小忧伤，但我们一直相信，自己能在小烦恼和小忧伤中平安地活一生，没准哪天时来运转，我们就彻底改写了自己的人生命运。可惜，人们宁愿相信自己会中500万大奖，也不相信自己可能会遭遇各种天灾、人祸与疾病。这个世间并不会是这边有人今天得了癌症，明天那边有地方发生了车祸，而你却岁月静好，现世安稳，等着升官发财。

有侥幸心理的人往往无视事物本身的性质，违背事物发展的本质规律，违反那些为了维护事物发展而制订或固有的规则，觉得只要根据自己的需要或者好恶来行事，就能使事物按着自己的愿望发展，直至取得自己希望的结果。侥幸心理就是妄图通过偶然的原因去取得成功或避免灾害，它成了许许多多人人生失败的罪魁祸首。

当然，和其他情绪或心理状态一样，侥幸心理也是我们一种自我保护的本能。当我们遇到压力、风险、危机而感觉焦虑时，心理就会失去平衡，为了防止这种不平衡无限制地扩展下去，我们就会产生一种不确定的乐观情绪来支撑自己的心灵世界。但这种乐观不是基于现实的，甚至是和现实相反的，只是能暂时稳定我们的心灵世界罢了。

侥幸心理如同心灵吗啡，如果过度依赖侥幸心理来安慰自己，就成为一种盲目的自我催眠了。一旦这种侥幸期待被打破，我们的整个心灵世界都有可能被颠覆，很多人的精神崩溃就是这么产生的。

谁的人生都是在无数风吹雨打中过来的，所以每一个人都有点侥幸心理，但我们要明白，侥幸心理是一种与事情的常态发展相违背的心理预期。虽然，在特定的条件之下，这种心理预期会为我们带来一定的乐观态度，有一定的心理支撑作用。

世事难料，生活并不是只要我们努力了就什么都可以得到。每一件要发生的事都会发生，我们只能接受已经发生的，努力让未能发生的事物向更好的方向发展。以接受一切的心，来尊重万事万物的发展轨迹。做到了尽人事就好，只要内心没有愧疚，没有遗憾就好了。

遇见早已是最美的结果

爱：从心，旡(jì)声。拆开来看，是爫(zhǎo)、冖(mì)、心、夊(suī)，爫为收拢的爪子，意味着已经完成抓取这个动作。冖为覆盖，心在其下，说明心的在何处我们无法得知。夊则形容的是走路的样子。爱，即是说我们要抓取的是一颗行踪不定的心。

张爱玲是许多文学爱好者眼中的一座高山，但我始终觉得，她的境界委实不高，只是因为她内心过于痛苦，所以会非常留心思考造成痛苦的原因。在经年的苦痛中，她对中国女人的心理状态看得很透，但是，她只看到了状态，却没有看透本质。所以，直到她去世，也没有真正走出自己的心灵创伤。她流了很多泪，但却没有完成成长。

痛苦确实让人超越，但能超越到什么程度，则得看根器了。下根之器能勉强学点坚强和接纳，中根之器能看到痛苦产生的心理状态，上根之器则能看透本质。张爱玲是中根之器，即使论文才，比起胡兰成来，还是有不小的距离。

张爱玲的经历是中国女性的典型代表，她们的思维，她们的心理状态，都有着不可思议的一致。唯一不同的是，在她知道胡兰成与范秀美、小周等女性也有染时，她没有一哭二闹三上吊，而是选择了忧伤而哀婉的转身。

当张爱玲对胡兰成第一次做了这样的质问“你与我结婚时，婚帖上写现世安稳，你不给我安稳”时，孤苦多年的她内心得以依赖的堤岸已经崩溃了，但在此时，她内心并没有完全绝望，还是期待胡兰成能够给她一个忠贞的承诺。但胡兰成竟是那样的一个人，他实话答道：“世景荒芜，已没有安稳，何况与小周有无再见之日也无可知。”话说到这里，张爱玲终于明白，今生今世，她唯一爱过的男人，是连一点念想都不想留给她的，她终于绝望了：“不！我相信你有这样的本领。”她叹了一口气，自伤自怜地说：“你到底是不肯。我想过，我倘使不得不离开你，亦不致寻短见，亦不能够再爱别人，我将只是萎谢了！”

这样一个阅尽沧桑的女子，也终于在爱情里独自萎谢了。从“见了他，她变得很低很低，低到尘埃里，但心里是欢喜的，从尘埃里开出花来”般放下全部骄傲，到“男人对女人的伤害，不一定是他爱上了别人，而是他在她有所期待的时候让她失望，在她脆弱的时候没有扶她一把”；从“女人一辈子讲的是男人，念的是男人，怨的是男人，永远永远”到“我以为爱情可以克服一切，谁知道她有时毫无力量。我以为爱情可以填满人生的遗憾，然而，制造更多遗憾的，却偏偏是爱情。阴晴圆缺，在一段爱情中不断重演。换一个人，都不会天色常蓝。”

她自己在一寸一寸地死去，这可爱的世界也一寸一寸地死去了。笑，这世界与你同笑，哭，你只能独自哭。一个陷在爱中的女子，一个失去一个男人就失去整个世界的女子的悲苦心境，便全都体现了出来。

情是一种抵死缠绵，对于女性来说，感情是第一位的。

几年前，有首烂大街的歌，叫作《求佛》，里面有几句歌词深深地表达了一种近乎痴绝的哀号：我在佛前苦苦求了几千年，愿意用几世换我们一世情缘，希望可以感动上天……我们还能不能再见面，我在佛前苦苦求了几千年，当我在踏过这条奈何桥之前，让我再吻一吻你的脸……

苦哈哈的词，听得那叫一个心酸呐。

每一个人都会有刻骨铭心的情伤，总有那么一两个人，深深地走进我们的生命，却又因为各种原因被迫分离开了。由于彼此间曾经那么深切地整合，尤其对女人来说，她们不容易动情，一旦动情了又总是陷得太深。因为她们看任何男人都是以丈夫为标准的，所以当她们确定接纳一个男人时，这已经意味着她决定了把自己一生的福祉都与这个男人绑在一起。这就是为什么张爱玲说："通往女人灵魂的通道是阴道。"一个因情而交出自己身体的女人，在她交付自己身体的那一刻，就已经把自己最重视最珍贵的那部分交了出去，所以，自然会希望被珍视，被宠爱，被呵护，这是人之常情。而这种珍视的最佳表达方式，就自然是一生一世忠贞相守的婚姻。

但男性的思维往往和女性不一样，于他们来说，恋爱是恋爱，忠贞是忠贞，即使他愿意娶某一个女人，也不可能代表他的忠贞承诺。婚姻只能证明他愿意与这个女人共同生活，不能证明他愿意只跟这个女人生活。好奇心、生活压力、雄性本能等，都有可能使得一个男人选择背叛、出轨或离开。

于男性来说，可能由于一些更世俗的原因被迫与自己最心爱的女人分开，比如钱！贫困是一般人尤其是男性爱情之路的最大障碍，因为女性的生物特性决定了她们需要足够强大的物质基础。

贫穷，意味着这个人有着一段负债的人生。所以凤凰男、孔雀女之间，非常难以达成平衡。

在社会转型期的中国，由于旧的价值观体系已经崩溃，而新的价值观体系又还没能建立起来，社会风气一片混乱，所以出现了一边提倡恋爱自由，一边古代嫁女的彩礼依然兴盛；一边提倡所谓的男女平等，一边却无视正确的男女分工，单纯地以为平等就是体能和家庭责任的平均分配。

这使得上班族女性非常委屈，自己既要上班养家，但多数家务却依然要女性一手承担，只有少数男性承担了一定的家务。全职主妇更是不被认可，一般人固有的观念就是全职主妇是被养的一方，对家庭没有什么贡献。

因为一切以经济奉献度为家庭地位的考核目标，男性目前仍然占着主导地位，所以在很多农村地区，重男轻女思想依然十分严重。但那些作为独生女而出生的城市女孩，拥有的是和男孩同等的地位同样的溺爱。一个被视为家庭小太阳的农村男孩与一个被视为掌上明珠的城市女孩缔结婚姻，两个都没有独立人格和责任意识的人，期待的都是另一方的迁就，价值观冲突与习惯碰撞自然就不可避免了。有很多地方的农村人，习惯了向女儿索取，以补贴家庭或儿子，所以，一个家庭普通的城市男性娶了一个出生于重男轻女的家庭的女孩时，如果自身发展能力不足，这段婚姻基本也是悲剧。

虽然经过了三十多年的改革开放，很多人都过上了物质较为丰富的生活，但大众意识并未跟上时代发展的脚步。中国金榜题名鸡犬升天式的家庭期望依然是多数农村人的一致目标，很多大学生都背负着整个家族人员对考大学的投资梦想。在提倡以孝悌为伦理道德基础的中国，很少有人敢背弃这一约定俗成的规矩，无论作为投资对象的大学生愿意不愿意，他们都得承担家庭的期望，满足家庭对付出后的回报期待，家是他们最大的拖累。

而出身于城市的孩子，无论男女，都是父母的掌上明珠，很多人都是在各种溺爱下长大成人的，视自己的意志为中心，对自己的父母尚且一味索取、呼来喝去，婚姻于他们来说，是获得更多爱或欲望满足的方法之一。在这样的生活习惯和心理定式之下，又怎么能指望他们在结婚后承担一个家庭成员要承担的责任？所以城乡结合的恋爱或婚姻几乎都难以有好结果。

我不得不说，如果男人是被迫与心爱的人分手的，多半都是因为更物质的原因。当然，会有各种各样的因素导致两个人分手或离婚：目标不一致（如男人只想通过恋爱解决暂时的性与情的问题，而女性却想结婚等），性格不合，价值观和习惯冲突，一方另结新欢以及重大灾难等各种难以估量、难以抗拒的因素，都有可能造成两个原本承诺要一起的人分开。

分离，是生命的一部分。

年轻时读《红楼梦》，最令我伤感的不是林黛玉焚稿断情执，而是看到黛玉死后，“那宝玉心里虽不顺遂……见宝钗举动温柔，也就渐渐地将爱慕黛玉的心肠略移在宝钗身上”。原来，从深爱一个到移爱另一个人的转换过程是如此地轻巧！虽然说宝姐姐同样值得深爱，但是，我们内心对所谓刻骨铭心的爱情有着传奇般的向往，林妹妹一缕芳魂远逝，宝玉应当立刻殉情或剃发为僧，才配得上那我们对爱情所期待的那份决绝，宝玉怎么可以那么快就接受现实，移爱他人，辜负了那么多年的纯真和一段投入的深情？

其实，只有在彼年豆蔻之时，痴情的姑娘们才会傻傻地相信，只有一次相遇，只有一个人是符合自己对爱情所有的想象和期待的，跟心爱人联结在一起的词汇是唯一，是不变，是永恒。

在长大的过程中，我们会慢慢发现，自己其实会碰上很多可能会爱上的人，我们和他们之间，是擦肩而过，还是终于发生了些什么故事，很大程度上，取决于机缘。正如一个风流倜傥的标准贵公子却娶了一个平凡人家的女儿为妻一样。被他爱过的美女无数，他却偏偏选择了与她走进婚姻殿堂，因为此刻，恰好她在。

一生一世一双人，只是从初相恋的那双人，到最后相伴的那双人，早已经换了模样。相爱之时，我们对彼此说，没有人可以替代你在我心中的位置。这是发自肺腑的表达，不掺水的诺言，真心实意的誓愿。只是，一生一世，实在是太长太长了，过程中的任何变量都会因为过长的距离而产生蝴蝶效应式夸张的结果，我们纵使有一生一世相守的愿望，但无论多么好的种子，如果遇不上合适的土壤，都不可能开花结果。

繁华落尽君辞去，代替的往往不是孤枕古佛伴青灯，而是天涯海角见新晴。我们生命是由一个一个的阶段构成的，在一个阶段，一些人进来了，这个阶段结束后，他们各自离散，另一些人进入我们的生命，开始我们生命的另一个阶段，迎来送往，原本是最正常不过的一种经历，连生死亦平常，但偏偏有人要执着于自己的情绪纠缠。

其实，无论是代替还是被代替，都不意味着我们的人生是悲剧，而是意味着，从此我们要开始一段那个人不在的征途。我们不要妄想自己永远不被替代，只要在一段时光里，与那个人倾情深爱过，不因为自己有过失而后悔，不因为自己没努力而惋惜，那么，任何结果我们都无愧于心，便已经是世人所不能抵达的境界。

爱情就像两个拉着橡皮筋的人，受伤的总是不愿意放手的那一个。我比较喜欢郭燕的《佛说》，同样说爱情，但用禅悟境界一比，高下立判，一个还在执着纠结，另一个已将爱情升入化境。

你是不是还记得，关于爱的那个传说。

前世五百次的回眸，换今生一次擦肩而过。

如果一切是真的，我们还要在乎什么？

不必强求那结果，因为已拥有了很多。

这世界如此广阔，这人海潮起又潮落。

就算是无缘再聚，也无需为它难过。

想一想这美丽传说，放一放心中执着。

怦然心动的遇见，早已是最美的结果。

前世的你我，在忙些什么？

今生的你我，还求些什么?
前世的你我，在忙些什么?
今生的你我，还求些什么?
红尘的你我，在追逐什么?
云端的佛，在说着什么?
遇见已经是最美的结果，又何必强求其他?

当我们穷得只剩下“自尊”时

> 尊：从酉，从収(gǒng)。在甲骨文中像双手捧着酒器献供他人。自尊是什么？表意是自个儿希望他人供奉自己。实意是，你只能自己供奉自己，不能向外索求。

在这个世界上，大多数人都想改造这个世界，但却很少有人想改造自己。而这些想改造世界的人，心智往往脆弱不堪，因为改变外部，是一种能力的展现。

我们为什么要展现自己的能力，因为我们在求认同，求尊重。很多人并没有了解自尊二字的真实含义，自尊亦称“自尊心”、“自尊感”，是我们基于自我评价产生和形成的一种自爱和自我尊重，而不是需要得到他人、集体和社会尊重的情感意愿。

求认同和求尊重是外求之尊，并非自我尊重。这种外求之尊，是我们自尊容易受伤的根源。这是因为，当一种需求或愿望建立在外界时，那么，外在条件的任何变量，都有可能刺激我们的尊严感，我们那么容易受伤，也是因为把自己的需求与愿望建立在外求之上。

当然，一个人有一定的外尊之求是应该的，但如果外尊之求过强，对什么都很敏感，就是一种心理疾病了。我的朋友邹女士讲了一个经历，小保姆把自己没干透的衣服和邹女士的干衣服挂在了一起，因担心潮湿的衣服导致整个衣柜发潮。邹女士告诉保姆，最好把两个人的衣服分开挂。保姆听了这句话后，狠狠地看了邹女士一眼，就跑到外边拿回一把剪刀，猛剪自己的衣服。剪完衣服后，一句话也没说，开门就下楼走了，连自己的东西都没拿。

这个小保姆就是穷得只剩下“自尊”的那类人的代表，他们渴望改变命运，但现实的残忍使得他们对什么都很敏感，生怕被别人瞧不起。一旦有某件事情或某句话刺激了他们，很可能会引发他们的过激反应：要么自虐，要么伤害他人。这样的“自尊”，其实是一种变相的自卑，这使他们极其害怕被否认，害怕被拒绝。他们分不清事件结果与自我价值之间的区别，因为他们把事件的结果当成了自己的价值。一旦事件结果不能令他们满意，他们就觉得自己的价值被他人否认了。这样的人还会有一个极大的弱点：不敢拒绝不合理要求，不能自在地请求他人帮助。

能够说“不”和能够接受被拒绝，都是需要自信和勇气的。不会拒绝，同时也不能自如地提出要求，怕被别人拒绝的心理状态，在心理学上称为“被拒敏感”。这种人看上去总是热心助人，可内心的苦只有他自己知道。“死要面子活受罪”，说的就是他们。这种害怕说“不”的心理，是一种以自己主观感受为同理心来看待别人的心理投射。其实，说“不”未必就会伤害到别人，之所以不敢说，是因为自己害怕被拒绝罢了。

怕说“不”的内心情结，主要有以下几点：

一、被拒绝的心理创伤。现实中说不出“不”的人，在其人生经历和生长环境中，很多时候被赋予过太多的限制。“不”能说，

“不”能做，“不”能去……在这么多“不”的包围下，思想被制约，行动被控制，很难有自主性和创造力的发挥。

脑海中容纳了太多的与“不”相关的内容，为达到这些要求，同时避免因此而带来的责罚（这两点往往是有关联的），他的个性里会渐渐形成对“不”的高度敏感。他不得不服从权威，但同时又厌恶和敌视权威。与此偕来的，是与此相关的心理矛盾的种种焦虑。这是个人在刻板家庭或权威禁忌影响下形成的，害怕被拒绝的心理创伤。

二、沉重而脆弱的自尊。自尊当然是个泛人类的情感名词，但东西方人的自尊往往有极大的差异。

西方人的自尊大致侧重于“自我”的存在；而深受释、儒、道等东方哲学熏染的中国人，其自尊主要表现为做人的“礼仪”或“气节”，或者简要归纳于“面子”上。可以说，“人活一张脸，树活一张皮”是中国人的集体无意识情结。

“面子”，就是要求人做事要顾及自己和他人的面子，礼节要周全，做事要体面，不能让别人在背后戳脊梁骨。这是文化所形成的人际行为规范，本质上是人的自尊的社会需要。关于这一点，近邻日本更有所谓“耻感文化”，其自我概念是建立在他人评价上的。

这一点决定了一个人在人际交往时，会高度关注他人的行为反应，包括他人的需求。如果他在意和满足了别人，自然会获得别人的好态度和好评价，自己就会感觉被重视，觉得很有成就感。这种自我肯定来自于别人的心态，是很难给予他人否定的，这也是一种说不出“不”的社会文化因素。因为对别人否定，就意味着对自己的否定，因为否定别人（给别人评价的客体）就意味着断绝了肯定自己的来源。所以，他在对别人有求必应的“讨好”中，充分感到自我的存在和存在的价值。

这种潜意识的“讨好”欲望，使他不愿丧失可能存在的外界的好评和好感，唯有“讨好”才能感觉自己的存在价值，也唯有实现“讨好”才能免除其社交中的人际焦虑——特别对于相对来说个性较为懦弱的东方人，在社会中没有面子，则很容易产生焦虑性的折磨。在自尊（面子）和内心自由的矛盾冲突中，一般情况下，一般人宁愿忍辱也不愿丢失面子，不肯说出对他来说相当致命的“不”字。

三、依赖与分离焦虑。可以说，人人都有依赖性或依赖情结，只是依赖的对象、性质和程度不同而已。害怕说“不”的心结之一，是人的依赖性和分离焦虑。这份焦虑不仅指母婴分离的原始焦虑，还指人进入社会后对仿效者的依赖与恐惧失去的焦虑。

在一个人的意识成长中，很需要有人在自己的人格方面给予充分的关注与肯定。如果一个人在幼年没有获得足够的认可，可能在心底埋下被忽视的自卑，以及产生寻求重视的渴望。这种自卑或者渴望，会导致一个人产生缺乏自主性，他们的自我概念很弱且非常自卑等个性，在人际交往中往往没底气、没自信、容易紧张。不能够自如地拒绝他人和提出自己的要求，其根本还是来自于这种依赖性和分离焦虑。因此，要想摆脱被拒敏感的困扰，就需要改善和培养自己。只有练就开放性的个性，才能解放自己，获得交往自由。

当我们穷得只剩下“自尊”时，唯一的选择是，放下可怜的“自尊”，走出自己的心灵舒适区，用包容去接受被否认，被拒绝；用开朗，用幽默来化解自己的内伤。

活着就是最大的尊严。只要我们无愧于心，他人的看法又能怎么样？那毕竟只是看法而已。何况，人的本性侧重于关心自己，真会有人有那蛋疼的工夫专想着要关注我们的一举一动吗？

世间万事，因有了苍凉和不堪，才有所谓温暖和美好。

独特是一种与生俱来的价值

> 獨 独：从犬，蜀声。羊总是聚集一群，犬总是独自行动。家犬的前身是野生狼，强悍好斗，因为性格原因习惯独自行动。独，引申为独立。《礼记》中说：儒有特立而独行，意思是，志行高洁，不合世俗，是一种贵族范儿。

分手之所以那么令人痛苦，是因为一方把各种自我价值和期待都建立在了对方身上。对方的离开，差不多是对我们自身的割裂，所以会感到痛不欲生。如果对方在分开时过多地露出人之本性，如为了财产不择手段，或因不甘而不断纠缠和中伤，这一种分手就更加痛苦了。如果这些事发生在别人身上，则根本不会当回事。大众普遍有一种心理学上的幸运偏差，认为很多灾难只会发生在别人身上。但很多人忽略了一个事实，这个世界的每一个事件都是绝对小概率的唯一，只是有些事件产生的影响极微小，所以我们才没有加以留意。那些影响极大的小概率事件在我们看来，似乎都和自己无关，只是新闻，是谈资，是笑料，我们不相信这些事会发生在自己身上。

有的女人看别人老公出轨，会觉得自己很幸福——老公老实忠诚，工资全交、家务全包，还特别会哄自己，直到有一天爆出男人出轨，才一脸天真地慨叹："从来没有想到过，他竟然也会出轨，我是多么相信他啊！”拜托，你相信他和他出轨有什么关系？有的男人则自以为自己是老婆的初恋，老婆绝对忠贞，某天发现老婆竟然有过好几个情人，才终于悲愤地质问：“我原本以为，她那么单纯，想不到居然也会出轨！这世界上还有不出轨的女人吗？”又或有母亲哭喊：“我一生没有做过什么坏事，为什么让我女儿得这样的绝症？”这种幸运偏差，使得任何小概率事件的出现都能颠覆他们的价值观。因为他们总是下意识地把自己归位于小概率的幸运儿中，有一种自我的特权意识。

如果我们真的想通了，不把自我价值和另一个人绑在一起，放下自以为是的特权意识，也许，任何突发事件都可以不再扰乱我们平静的内心。

从某种意义上来说，我们都是通用产品——一个U口鼠标可以和任何带U口的电脑连接，一个男人，也可以和任何生理正常的女人完成性交。所以，你必须懂得，在这个世界里，没有谁真的是不可取代的，无论是在情场，还是在职场。即便曾经爱得死去活来，只要分手了，就不能再指望对方会对你念念不忘。很多人，尤其是女人，由于投入得太深，价值观又被等值回报思想奴役，如果没能从对方身上得到自我期待的满足，就会心有不甘。他们沉浸在过往的忧伤里，不愿意正视自己的价值被他人否认这一事实。

每一个人都有自身独特的价值，在各种各样的创伤面前，我们能做的就是发现自身的独特价值，接受那些无法避免的情况，走出自己的忧伤，才能真正迎接重生。

没有谁是不可替代的，如果我们愿意去发现，还是会找到属于自己的幸福。依仗别人的最终结果，会因为别人的变化而使自己的期待落空。我们可以在忧伤的时候，想着撕碎岁月扔在海里，但寂寞之外，我们还要重新活过来，看到自己的独特价值，才能发现自己原来有足够的能力去成长。

每个人都只能为自己的人生负责

> 靠：从非，告声。从“非”，表示相违背。段玉裁注：“今俗谓相依曰靠，古人谓相背曰靠。”靠的本意是相背而不是相依，想要靠谁的思想是不正确的，一味依附别人，也只会得到与自己预期相违背的结果。

我问一个朋友：“为什么外国人姓名中，名字在前面，而中国人姓在前面？”朋友告诉我：“因为外国社会只看你是谁，不看你爸是谁；而在中国，别人不管你是谁，他们比较在意你爸是谁！”

这是个冷笑话，也是中国处于转型期中的一个非常现实的问题：拼靠山。拼靠山是任何地方都会有的现象，但在我们这个国家尤其严重，似乎只要有了一个好的靠山就万事大吉了。在一个父权社会的所有靠山中，自然是爹这座靠山最安全最可靠。从一些一度走红的网络名词如“拼爹”、“坑爹”等里面可以看出中国人骨子里深深的依附意识。

如果我们留意一下，其实不难看出，我们中的很多人都属于依附型人格，这使得中国的父母总想包办子女的人生，一些欠缺独立能力和意识的子女也习惯了，甚至渴望被父母包办人生。包办意味着“你应该（按照我的标准）这样那样，我给你这样那样，要是不按照我的要求来，你们就是错的”，被包办则意味着“你应该（按照我的意愿）为我做这个做那个，我就等着你们给我做，如果你们不满足我的要求，你们就是错的……”于他们来说，只有欲求有没有被满足的问题，没有自己应该不应该承担行为责任的问题。由此产生的问题不是彼此对各自生活的相互尊重，而是相互干涉，相互不包容。所以，我们会发现，最专制的父母是中国父母，最叛逆的孩子是中国的孩子，相处得最不好的就是中国的父母与孩子，这究竟是为什么呢？

我们在前面讨论过，中国人没有平等概念，正是由于这一问题，我们的父母习惯了任何事都代替子女完成。父母用他们自己的行走经验告诉我们应该怎么走。不论在学习上，还是在生活上，无论我们喜欢不喜欢，父母们总是喜欢一切都安排得好好的。为人父母，爱其子女，在孩子还不能完全生活自理时，全方位地照料孩子的生活是父母的一种责任和义务。但是，父母还应当明白，照料孩子的目的，不仅仅是为了使孩子生活得舒适、幸福，更重要的是在照料过程中，让孩子逐步学会生活自理，进而掌握独立生活的能力。

但我们常常看到的现象却是：孩子穿衣、穿鞋时笨手笨脚，父母等不及，便过来很快就帮他们穿好了；孩子小时候学着自己吃饭，弄得满桌子都是饭菜，父母看着不耐烦，于是便喂孩子吃饭。这样的做法看起来利索、痛快，但却剥夺了孩子学习自理的机会，也养成了孩子凡事依赖父母的习惯。只是我们的父母丝毫不觉得有什么不妥，他们习惯让孩子生活在自己的保护伞下，使得孩子们从小到大处处依赖父母。从幼儿园到上学，从升学到就业，全靠父母走后门、拉关系，奔走操劳，替孩子选学校、选专业、找工作，不辞辛苦，恨不得把孩子的生活一包到底……有人曾对某校学生做过调查：遇到困难怎么办？97%的学生的回答是：“找父母和老师。”完全没有想过独立解决问题。这是多么可怕的一种心理依赖！

如果父母只想让孩子生活得舒适，把属于孩子在学习独立过程中应该去做的事情一律包办，不让孩子自己动手、动脚、动脑，将孩子的手、脚、脑都被束缚起来，那么，孩子就会从最初的什么事都不能做，到最后因为什么都不会做而拒绝去做。待到孩子长大成人，离开父母的原生家庭进入社会独立生活、工作时，才会发现自己要活下去竟然那么难，因为他们完全没有自理能力，离开了包办生活的父母，根本不知道那些看似简单的事应该怎么做。例如，我上高三的表弟的某位同学，就能做到每个月攒下一堆袜子，等他的妈妈来看他的时候带回家洗，更奇葩的是，他妈妈来的时候要给他洗好脚，否则，他的脚臭能把整个宿舍熏成氨水星球，即便如此，剩下的一个月里，不会洗脚又出汗奇多的他，总能把大家熏得五迷三道，叫苦连天。

包办父母的行为会让孩子认为事事“应该”有人给自己做，由于这种包办使得我们的自我实践能力被扼杀，绝大多数人在长大成人后依然没有自主意识和独立能力。他们不觉得自己有照顾好自己的责任，更别说恋爱后相互照顾，结婚后照顾双方家庭了。

其实，孩子更需要满足的是他们内心被尊重的需求。也许，在父母们看来，自己为了让孩子吃穿不愁而努力奋斗，费尽了心思，孩子应该很满足，可出乎父母的意料的是，没有孩子因为物质需求被满足而真正感到很满足的。

其实，不只是孩子，即使是成人，物质上的满足也不会给我们带来多少幸福感。每个人都只有在成长过程中独立思考，在做自己喜欢做或愿意挑战的事，且能够独立克服随之遇到的困难时，得到的快乐才是真正的快乐。

另外，教育原本就与现实脱节，一切有必要的准备、一切最重要的经验、一切最需要的常识和坚韧不拔的意志力等，凡是年轻人立身社会应该拥有的一切，我们的学校一样也没有教，我们的家长也教得乏善可陈。

包办式教育不仅没有让我们的年轻人获得更好的生存能力，反而破坏了这些能力，盲目的自大和自我中心主义使得我们的年轻人一走入社会，进入自己的活动领域，就开始遭遇一系列的痛苦与挫折，有的甚至失去了生活的信心和能力。这使得我们的孩子常做那些根本不切实际的美梦，总幻想自己一毕业就遇上钱多、活少、有身份的工作。但所有现实的工作都是由细节和琐碎构成的，被父母包办的孩子习惯了父母去做或父母安排着去做，进入职场后，往往因为“受不了被别人呼来喝去的气”或“没有自主性，什么事情都要别人提醒才去做”而过得非常痛苦，所以，一切幻想与美梦，在严酷的现实面前彻底地破灭了。强烈的欺骗感、失望感，是一个心理素质不完备的青年人难以承受的。

包办式教育让孩子产生盲目自大，还会导致他们因无知而无视一切，包括法律！包办教育使得我们的性格向两极分化，一边生性多疑，意志薄弱，事事依赖他人，觉得别人有义务满足自己的期待，包容自己的不是；一边狂妄自大，目中无人，一切以自我需求为中心，神挡杀神，佛挡杀佛。为孩子包办一切的父母，并不会得到孩子的感恩——包办非但培养不了感恩之心，而且只会使孩子变本加厉地忘恩负义。孩子的任何欲求未能得到满足，都能引发他们对父母的怨恨。

越专制，则包办得越彻底，这会导致孩子不是完全依赖于父母，就是完全与父母决离，每一个离家出走的孩子，都有一对事事专制的父母。

一旦孩子因为成家而慢慢有了自主意识，渴望自己做主时，长期以孩子为奋斗目标的父母便会开始没完没了地折腾小两口，婆婆往往试图用自己那套理论来控制自己的媳妇，希望媳妇能像自己那样对待儿子，而媳妇也是从小衣来伸手、饭来张口的娇娇女，父母为她打理一切，根本不具备照顾别人、为他人着想的能力，哪可能因为结了婚立刻从大小姐变成温顺体贴可人的小媳妇？人家嫁老公是为了得到更多的爱，而不是惹一身债，于是家庭矛盾就产生了。如果男人还不懂事，不懂得调和两个女人之间的小私心的话，轻则感情失和，重则分崩离析……一切的一切，都是中国式母亲把自我人生价值依附于子女身上，横竖要干涉子女生活导致的；都是因为中国人只有家族，没有家庭观念导致的。

很少有人知道，当代社会中，一男一女结婚，不是说某姓人家又添了个生儿育女的人口，而是一个新家诞生了，这个新家的未来，由这一对新人去折腾去打拼，长辈如果有余力也非常愿意，可以赠送物资给他们，帮助他们在立足社会的初期站稳脚跟，而不是在生活上干涉他们的自由意志。两代人的生活观念本来就不同，小夫妻之间本来就还有很多要磨合的地方，老人家再横加干涉，只会让原本就在磨合中的小夫妻的感情雪上加霜。

我有个妹妹，经过多年的努力，终于过上了比较安稳的生活。本着一番好意，她把父亲接到了身边，想让在农村吃了一辈子苦的父亲好好享受下生活。但事实的结果却令人费解，最疼爱妹妹的父亲竟然和妹妹闹到了要反目成仇的地步。后来经过沟通才发现，妹妹开美容院工作很辛苦，每天晚上都要很晚才休息。父亲却习惯了早起，从前有母亲包办家务，所以他很少亲自解决吃饭问题，日子一久，父亲觉得自己很委屈，妹妹也觉得自己很委屈，难不成她要牺牲掉宝贵的早睡时光起来为父亲的早饭而操劳？

就因为这么一点小事，最亲的人都能产生这么大的摩擦，更别说动辄希望对方按自己意愿行事而实际上却素不相识的婆媳之间了。所以，如果有条件，婆媳还是不要住在一起的好。

包办思想中其实还隐藏着一个极为可怕的思想：我付出了，你必须回报——这是自以为是的等值回报思想。所以我们在生活中往往会看见这样一些人，女孩动不动就交出自己的肉体，付出自己的金钱和青春，得到的却是完全不对等的抛弃。面对这样的结果时，她们往往只会怨天尤人地哭喊道：“我为他付出了一切，他为什么会离开我？”

这些包办者并不知道自己的付出是不是人家想要的，也不知道这种付出并没有签回报协议，别人可以接受，也可以不接受，别人接受了愿意回报，可以回报；不愿意回报，那是周瑜打黄盖，一个愿打一个愿挨。不能因为自己觉得主观意愿是对方明白的，就强迫别人承认：接受了付出就必须回报。并且这种所谓的付出很不好量化，付出者往往高估自己的付出，授受者则往往低估自己的获取。一个漫天要价，一个坐地还钱，恐怕很难有多少人觉得自己只付出了一点点却得到极多。

就父母与孩子来说，这种等值回报需求在很多人，尤其是农村人心中依然是存在的。我看过一个极其沉重的故事，某家商业银行招实习生，六十多个大学生加入了进来，他们都知道，实习结束后，只有两三个人能留下来。其中有一个农村出身的孩子，他的成绩是最好的，人是最勤快的，只是因为想孝敬自己的父亲，总悄悄拿接待处的中华烟，但偏偏被领导看见了，尽管又是送礼又是找人情，依然没能保住那份工作。

原本，他是有机会的，但一时的愚念毁了他的一生——离开了银行，并没能混得多好。我非常理解他的这种孝行，因为他自己买不起，又有那种出人头地的虚荣心，所以选择了偷盗。

而且，因为他是家中倾家荡产才供出来的大学生，所以，整个家庭都指望着他的加倍回报来实现翻身的目的。自从他大学毕业后，父母便觉得自己的人生使命已经完成，可以坐享其成了，于是举家搬到京城来。他不仅要赡养自己的父母，还要承担弟弟的学费，生活过得苦不堪言，媳妇也跟着受累。为了一家人有个安稳的生活，他不得不四处举债，凑了一套远在郊区的房子的首付，以使家人有一个落脚的地方。因为害怕经济断链，所以他不敢轻易舍弃那个没有发展前景且令人厌倦但薪水足以支撑他的生活的工作。由于他要养活的人实在太多，最终，媳妇承受不了这样的生活压力，感情原本甚好的两人硬生生地离婚了。

其实，如果他的父母没有这种包办回报思想，在他大学毕业后，安心在老家，种点自己吃的东西，他再寄些生活费回去，生活完全可以过得更从容的，但是，出于觉得自己家出了大学生，还待在农村就丢人的面子思想，使得他们选择了不合时宜的举家搬迁，这才导致了后来的悲剧。

多少人格不独立的打着要照顾孩子的名义而强行和儿子、媳妇住在一起的婆婆弄得小家鸡飞狗跳；多少索求回报的父母，毁了孩子的家庭！如果我们真的老了，请寻找适合自己的休闲和娱乐活动，不要去掺和孩子的生活。

同样的，我们不能包办伴侣的人生，也不能包办朋友或下属的人生，更不能指望他们来包办自己的人生。

多少女人因为轻易交出自己，等待一个男人一辈子包办自己，得到的不是始乱终弃？多少女人因为争着包办自己爱人的生活，控制爱人的生活，一步步把他们逼上了背弃之路？又有多少女人因为过度的奉献或错误的包办得不到预期的回报而悔恨终身？

每一个人都只能为自己的人生负责，我们所做的每一件事，都得承受它可能带来的任何结果。自以为是的付出，如果在别人看来只是负累和厌倦，我们又如何期待能得到相对的回报？等着被包办就是等着被抛弃；包办别人就是给别人当奴隶。推卸责任和越俎代庖都不可能让我们拥有宁静的幸福，所以，我们既不要包办别人，也不要让别人包办自己。

没有了包办他人的意识，我们就能接纳别人与自己的不同。没有了被他人包办的思想，我们就能减少对他人的依赖，不会再觉得别人为我们的付出是“应该”，从而对发自肺腑的善，升起一股感恩之情，对人性本能自私，升起一股理解之情。试想，一个理解万恶，感恩万善的人，怎么可能是一个小心眼儿的人呢？又怎么可能会有失败的人生呢？

立刻、现在、马上去做

> 機 机：从木，幾(jī)声，指弓弩上的发射器，比喻事物发生的枢纽、合宜的时间。会，从亼，从曾。亼指聚集，曾则指增加。发射器是人对各种物件的组合，人要有机，就得把利于自己的一切组装起来，这样，别人才会向你汇合。

一次，美国某棒球冠军去郊外参观一个鸡场，他发现鸡场里混杂了一只鹰。棒球冠军非常奇怪，他问主人怎么回事，主人告诉他，有一天，他捡回了一个鹰蛋，于是放在鸡圈里孵了出来。由于这只鹰是和鸡一起长大的，所以不会飞。棒球冠军买下了这只鹰，来到了一片草地上，随后把鹰放了。飞的本能终于被激发，鹰开始学飞，但飞了很多次，始终没能飞起来。棒球冠军开车把它带到悬崖边，使劲一丢，鹰急速下坠，就在它快要落到地面时，它终于张开翅膀，飞了起来，就这样，它回归了山林。

仔细想一想，我们在很多时候，就像这只混在鸡圈里的鹰一样。我们不是不知道“鸡”的生活的坏处，比如行动不自在，干不出像样的事业，长期被别人关着等。但是，由于我们容易向挫折妥协，由于我们有贪图轻松的惯性，所以，我们放弃了原本渴望超越的冲动，一步步滑进了平庸的沼泽。这时候，我们最需要的是一双放飞自己梦想的手，这双手可以是别人的，更多时候必须是我们自己的。道理很简单，不是每只鹰都能碰到棒球冠军，不是每个棒球冠军都愿意管鹰飞不飞的闲事。因为由鸡变鹰得益的是你，所以你要为自己的梦想付出汗水。做，还是不做，便是从鸡到鹰的距离。

我们和命运的关系，就像游戏角色与怪物地图。在怪物地图里，要么怪物死，要么你死。不想死的话，要么流血，要么滚。可惜的是，我们远不如游戏角色，虽然在先天上一样，都带有很多自动功能，但游戏里有谁都能用的外挂（现在成内挂了），有元宝购买特权的功能，只要开上挂，角色便能自行其是，自主解决种种问题。但人生却没有谁都可以用的外挂，那些有外挂的，都做了官二代、富二代，我们这些没有外挂的人，只能靠自己的双手去拼搏，去完成艰苦的升级过程（看来玩游戏也不全然是浪费，至少可以拿它打比方）。

有一组曾经红极一时的“屌丝投胎图”，我介绍一下大致内容：

一抹灵识来到自助投胎机前，进入了自助投胎程序。第一个程序是性别选择，选择男性免费投胎，选择女性要花50块钱才行。由于这抹灵识没有钱，所以没得选择，只好投男胎。第二个程序是生存难度选择，难度为简易级的，要花10万投胎币，中等级别的，需要5000投胎币，困难级别的，需要200投胎币，深渊级别的免费。第三个程序是出身选择，高富帅要90万投胎币，富、官、军二代50万，“我爸是李刚套餐”10万，当穷人是免费的。随后又有技能选择，越赚钱的，需要的投胎币越多，什么技能都没有的选项，则不需要钱。由于购买不起美男套餐，这抹灵识在选择长相时，只能点了免费的随机，结果得了个怪异级别的长相。灵识很生气，问候了系统的先人，系统一生气还给了他一个疤痕套餐，于是，一个穷丑笨的男屌丝出生了。

好在，投胎图里没有对人品的选择，说明作者相信，无论社会地位和生活境遇如何，我们都可以选择做一个好人。

我看着看着，笑了；看着看着，又陷入了深思。是啊，不是每一个人的人生银行里都有足够的先天资本，娘胎里没有的东西，只能靠我们自己去争取。而争取的唯一办法就是做，立刻去做！

一位家喻户晓的电视明星曾在英国买了一本畅销书，但只看了三分之一，因为事情多，书被忘在某个角落。这一放就是小半年，等到她再想起这本书时，一翻开，顿时傻了眼：书页上竟然一个字也没了！曾经引人入胜的小说变成了一本只有封面的空白笔记本！在她看来，这种怪事，恐怕只有“鬼故事”几个字能解释了。

后来，一个见多识广的朋友告诉她：那是一本限时阅读的书。她这才知道，在国外有一种书籍，采用特殊的油墨印刷，用真空包装袋包装出售，一旦拆封，油墨就开始跟空气发生微妙的化学反应，如果3个月内不把书读完，字迹就会完全消失。这种书有个概念——迫不及待。

在那本书的封底有这么一行字：如果你还没有看完，不是书的错，因为它已经等了你3个月。她若有所思：20万字的一本书，分到3个月来看，每天只需读2000字，按照正常的阅读速度，不过10分钟。可是，自己为什么会忙到每天连10分钟都抽不出来？

真的那么忙吗？再次去英国时，她买回了20本“迫不及待”的书籍，每次拆开5本，逼着自己3个月内必须读完这些本书。结果发现，原计划半个月看完的书，往往一个星期就看到了结尾；原计划一年的阅读量，5个月就全部读完了。

渐渐地，她养成了书一到手就必须尽快看完的习惯。即使是普通的书，她也会抓紧时间看。一年之后盘点自己里看过的书籍，她自己都不敢相信会有这么大的阅读量：6份全年杂志、4本金融类的书籍、1本哲学书、11本畅销小说以及3本人物传记，算下来，平均每天有数万字的阅读量。

后来，一个朋友和她谈论书的时候说，所谓将好书留着慢慢读的做法，其实是一厢情愿的想法，无限期地拖延，或许就是永远都没有看。不仅书是这样，生活中的林林总总又有什么不是这样的呢？亲情、友情、梦想，甚至饥饿感和某件心仪的衣服，都是有时限的。

于是，她去做了一件想了很久但一直没有进行的事情。其实，她心中一直期待自己做一名珠宝设计师——于是她先在地质大学报名宝石鉴定师资格商业证书的商业课程学习，鉴定师证书到手后，又继续学习了FGA和DGA这两门国际认可的宝石鉴定师课程，最后是美国宝石学院的全日制学习。获得美国宝石学院的文凭后，她成为CC卡美珠宝公司的瑰宝设计师，设计的第一款作品投放市场后，反响很不错。

同时，她成立了自己的影视制作工作室。两年后，由她担任制作人并主演的《倾世皇妃》在各大电视台播出，得到的反馈好得超出想象。又过了一年，工作室的第二部作品《姐姐立正向前走》开始热播。

这位既做演员，又做制片人，还担任珠宝设计师的人，就是《还珠格格》中的紫薇——林心如。说起怎么能身兼数职，林心如说应该归功于她买的那本“迫不及待”，它让自己明白了一个道理：人这一辈子是被限时的。不能把它们放到未来，而应该在当下立即去做，无论是想看的书、想做的事、想爱的人或是想尝试的新生活。时间是有限的，但也是无限的，只要迫不及待地去实施它们，它们就会实现在每一个今天……

或许你会质疑我：有的书要我们慢慢来，你又要我们迫不及待。这么矛盾，到底要我急，还是不急？这不矛盾，做，要急，只有行动才能改变；而心态不能急，心急了，欲速则不达。

有这样一则禅宗故事：有一位少年，渴望练就一身超群的剑术，便千里迢迢来到一座山林求教于一位世外高人。这位少年一心想早日成名，跪拜之后，便说：“我决心勤学苦练，请问师傅，需要多久才能学成下山？”师傅答道：“十年。”少年嫌太长，就说：“假如我全力以赴，夜以继日，需要多长时间？”师父说：“这样大概要三十年。”少年大吃一惊：“为什么全力以赴反而要三十年呢？”师父不答。少年又说：“我一定要不惜一切代价，拼死拼活修炼，争取早日成功。”师父说：“那么，你就得跟我学至少七十年。”少年冥思苦想，良久，终于大悟。

这个少年的心态是典型的急于求成，所谓的不急，是指不要试图毕其功于一役，一口吃不出个胖子，成功是日积月累的事。

所谓的迫不及待是说我们订下了目标，就要出发，出发才能到达。

在乔布斯的演讲中，有这样一段话非常打动我：

“我17岁的时候，读到了这样一句话：‘如果你把每一天都当作生命中最后一天去生活的话，总有一天你会发现你是正确的。’这句话给我留下了深刻的印象。从那时开始，过了33年，我在每天早晨都会对着镜子问自己：‘如果今天是我生命中的最后一天，你会不会完成你今天想做的事情呢？’当答案连续很多次被给予‘不是’的时候，我知道自己需要改变某些事情了。

“它帮我指明了生命中重要的选择。因为几乎所有的事情，包括所有的荣誉、所有的骄傲、所有对难堪和失败的恐惧，在死亡面前都会消失。我看到的是留下的真正重要的东西。你有时候会思考你将会失去某些东西，‘记住你即将死去’是我知道的避免这些想法的最好办法。你已经赤身裸体了，你没有理由不去跟随自己的心一起跳动。”

其实，我们过着的每一天，都是余生中最美好、最年轻的一天。荒弃每一天，都是在荒弃最珍贵的日子。与其为出身、地位、能力等愤愤不平，不如行动起来，攒攒人品，攒攒历练，攒攒机会。用向死而生的心，让将来的你喜欢现在的自己。

要知道，问题，不是拖延就可以解决的。工作，不是逃避就可以完成的。最终，拖延的每一夜你都惶恐不安；到最后，你只能惊慌万分地赶。你看似在轻松地混日子，心灵却疲于奔命，与其这样，不如从一开始就努力。

在不完美的世界里活出完美的自己

谁没有那么一段忧伤的时光?

> 難 难：有好几种写法。左边有的表示山岳，有的表示水，右边的隹(zhuī)，像远渡重洋的金翅鸟。无论飞越高山，还是渡过重洋，总之不容易。土地不易垦种为艰，山水不易征服为难。艰难二字，实言人之身生不易，人之心安不易！

无视一个小挫折容易，但要宽容一连串的挫折，却非常非常难。一个人的修养，就体现在他面对接二连三的变故的态度上。

我曾经认识一个名叫刘兰的编辑，因为赶着一个稿子的出版，忙得加了一整夜班，第二天也没有时间吃中午饭。好不容易到了下午四点多，总算是把一切流程都安排妥当了，所以她决定提前下班好好休息一下，于是约了男友吃饭。五点多时，她赶到公交车站，等了半小时，她要坐的车才来。才坐上车，公司突然有人打电话告诉她，即将下厂的一本书决定取消出版，一切前期成本都由她承担，而且，由于公司前期经营不善，公司要大规模削减员工。这不仅意味着近半年的工都白打了，还意味着，她有可能失去这份刚刚让她感觉可以活得不那么紧张的待遇较高的工作。她欲哭无泪，很想立刻扑进男友怀里哭一场。偏偏这天路特别堵，原来只需要走四十分钟的路，竟然走了三个多小时。到了之后，却发现男友不在，打电话一问，男友说家里突然来了亲戚，就提前走了。

到了八点多，她终于回到家，但已筋疲力尽了。她坐在沙发上，想打电话责备男友不等她，不在乎她，不料那边的电话永远是正在通话中，根据她的经验，她的电话多半被设置在了拒绝名单中。她十分沮丧、失望……而这一切刚刚开始。在可能被背叛的猜疑下，她的想象力就像一辆失控的过山车一样，想象自己和男友争吵、冷战、分手，一个人落寞地四处找工作。由于已经假定了男友的背离，所以刘兰从过去的相处中找出了无数印证自己想法的证据：电话越来越少，陪伴越来越少，交流越来越少，借口却越来越多，原来，他早就变心了……她越想越难过，泪水盈满了眼眶，不知道自己该怎么办。

她停留在自己的臆想里辗转反侧不能入眠，内心因为被夸张的未来不确定性恐惧挤压得一阵阵地绞痛。

像祥林嫂一样，她向每一个朋友倾诉自己受过的伤。她甚至患上了被迫害妄想症，一见领导间说话，就觉得是在商量如何开除她。凡同事间谈话，若她没听清，便觉得别人在说自己的坏话。男朋友受不了她的终日碎碎念而将她暴打了一顿，据她说，连鼻梁骨都打断了。听到这里，我们都表示家暴男人跟不得，可是她泪眼汪汪地说："不跟他，我怎么办？我已经跟他八年，从高中时就在一起了，他是我的初恋啊！"

后来，又因为家暴，她"下定"决心离开，一时又找不到住处，只好求助于我。我以为她真的确定要离开家暴男了，所以让她暂时住在我那儿。大约过了一周，男友总算打了一个电话，她立刻就回去了。我只能慨叹了，有什么办法？看来她并不想让我们帮助解决问题，只是想倾诉。

之后的她，依然不断沉浸在自己的忧伤里，她的生活似乎只剩下自卑、挫败和恐惧。

这其实是很多人，尤其是没有独立能力和意志的女性都曾有或依然有的心灵困境。

谁都有那么一段时光，终日沉浸在自己的忧伤里无法自拔，无论别人如何劝解，心中都只有挫败感、迷惘感、无助感、屈辱感和悲愤感。亲人和朋友的安慰，不仅很难让我们从情绪泥潭里挣扎出来，有时反而会使我们更加心烦意乱，因为他们并不知道触及你灵魂的伤害究竟是什么，当然，你自己也不知道。

种种忧伤情绪，时刻提醒着你，受过的伤是多么难以愈合，所以你不断咀嚼那个受伤的过程，反复地思索着让你受伤的各种问题。每咀嚼一次，你都感觉自己是对的，别人确实错了，或者觉得，就算你有错，难道他们不该包容下你吗?

不断地进行自我折磨，陷在一种情绪或思维里不断挣扎的这种情况，就是心理学上的“情绪反刍”。情绪反刍表现的是一个内在的反省意识，当我们陷入某种痛苦时，那种痛苦的过程，会像按下了重复播放键的电影一样，不断从头到尾地播放全过程。我们试图在这个过程里寻找到痛苦的根源，只要我们没有找到解决问题或得到补偿的办法，我们就会一直把这个过程持续下去，这就是为什么很多女人一辈子都在诉苦，一辈子都觉得自己委屈的原因。

但依靠情绪反刍来发现问题，基本是件不太可能的事。一般来说，我们在判断任何问题时，首先想到的不是对等地看待他人，而是以自己的利益为标准和立场来看待一切问题，所以他们不能在这个反刍中以中立的角度，以根本原因的角度看待问题。即使别人看来都是他们自己的错，他们自己也不会明白问题在哪儿。

依附型人格的最大坏处在于：它使得绝大多数人都患有被迫害妄想症，而患有被迫害妄想症的人，无论讨论或思考任何人的言论与观点，他们都会先假定对方可能怀有恶意目的，而不是理性地看待他人表达的内容。骨子里因对权力崇拜而产生的身份地位意识，通过立场论表达了出来。说的是什么不重要，重要的是，你是谁，准备站在谁那一边。假如一个人站在公平的角度讨论男人的出轨问题，他们首先表现出的下意识反应是“你是受过伤的原配吧？”或“你是小三吧？”如果讨论政治问题，他们的下意识反应则是“你是愤青吧？”或“你是五毛吧？”

如此种种，只要我们稍加留意，便会发现这种以身份定立场的人大有人在，这类人眼中没有客观。

由于他们只能从自己的利欲的角度考察问题，所以，无论他们如何反省，也不可能找到正确的答案，而是不停地寻找替代对象，把老路重走一遍。只有这条老路越走越没出路时，他们才有可能真正地去反省。这一点，从大家谈恋爱的情况就可以看出来。

一个自以为很“善良”的姑娘，虽然“知道”自己嘴毒、爱挑剔、爱发脾气，但是，初次谈恋爱的她会认为：男人不就应该包容点吗？我不就是嘴毒了点儿，爱抱怨了点儿，爱发脾气了点？如果真的爱我，他就应该让着我。

男人在追求女人的初期的确会包容一些，但长时间相处的痛苦，只有经历过的人才知道。于是看上去漂亮可爱的她，遭遇了第一次被抛弃，男人以性格不合作为分手的理由，在她看来是借口。换了个男人把这个过程变着法子演绎了一次又一次……直到某天发现青春过了一大半，还没有找到一个愿意包容自己性格的人，她才会去试着从别人的角度看待问题。但这用处基本不大，除非她通过各种方法提高自己的认知力，亲自感受别人那种痛苦后，才会产生修正自己的愿望。

所以，情绪反刍基本没用。因为我们都是从自己被伤害的角度来看待问题的，所以我们不愿意走出痛苦，我们迷恋自己的痛苦，因为在对痛苦的反刍中，我们一次又一次以验证了“别人不该那样对我”，“我确定是正确的呀”，“我为了他付出了一切，他就是不该离开我呀，可是他为什么离开我”等判断是“正确的”、“应该的”……

其实，这是自我价值被外界否定而导致的痛苦，我们迷恋自己的痛苦，就是想通过判断对错来确定自己的价值是否真的被忽略了，因为我们给自己定了价，所以我们就给自己的一切行为都估量出了回报期望，一旦回报达到不自己的要求，我们就觉得自我价值被外界否定了。由于我们对自我价值没有正确的判断，我们没有分清自我价值和行为结果之间并不能画等号，所以，我们把自己遭遇的结果当成了自己的价值。

其实，事件结果和外界定价并不等于我们自身的价值。每一个自己，都是一系列完整的组合，事件结果和外界定价，只是组成我们自身价值的极小部分。所以即便我们真的受到了重大的打击，也不必否定自己的全部价值，迷失在痛苦之中。这个世界每时每刻都发生着我们难以预期的重大变化。要知道，痛苦并不能改变既定的结果，与其把时间浪费在痛苦和怨恨里，不如马上开始着手解决问题。虽然我们总能在痛苦里“证明”自己没有什么错，“证明”自己本来应该得到什么，“证明”别人本来应该自律，以道德模范的标准来保障我们不被受伤，但这一切都无济于事。怨恨领导的不理解，不如改变工作方法，怨恨被昨天扇过的巴掌，不如想办法避免明天不给自己扇巴掌。

只有行动能让我们成长

> 行：从彳，从亍。像人朝某一方向走路的样子。动，能否到达千里之外，就靠自身的动了。有方向，且用力，我们才会到达自己想到的地方，此即是行动。所以恩格斯也说，有作为是“生活的最高境界”。

你可以不知道做什么，但不可以什么都不做。

年轻人一定会走弯路，因为我们从出生那刻起，就在学习别人的知识，模仿别人的行为，根据身边人的生活方式调整自己，所以我们并不会一开始就知道自己想要什么，有什么人生目标。“三十而立，四十不惑”，即是说到了三十岁我们才有了独立的自身认识，四十岁才清楚自己究竟想要什么。

年轻的我们，往往不知道自己要什么，也不知道自己会成为什么样的人，只有经历得足够多，我们才能看清未来的方向。所以，我觉得有句话说得还不错，人生不是规划出来的，而是走出来的。

虽然很多人会滔滔不绝地跟我们大谈兴趣和爱好，以为干自己感兴趣的事就能找到幸福感，找到人生的奋斗目标。比如我喜欢画画，我可以成为一个画家；我喜欢写作，我的理想是当一个作家。但是，我喜欢画画和成为一个画家之间的距离，是我们无法仅仅用感兴趣，有爱好，或类似于坚持、努力就能打发的。我很可能画了一辈子也成不了画家，只能当个普通的画匠，而当个普通的画匠，很可能既不能让我的生活得到足够的保障，也不能真正满足我对自我实现的期待。但我偏偏严重缺乏天赋和审美力，所以无论我多么努力，都无法成为一个能画出境界的画家，顶多能在画技上有所提升罢了。

如果一种爱好没有良好的天赋做基础，那就承担不了理想的厚重价值，只能作为一种爱好而不是理想去看待。

并且，兴趣和爱好也不一定能让我们产生坚持的力量。伟大的成就是一个持续的不断遭遇挑战的过程，有一些兴趣顶多是一时兴起，三分钟热度之后，我们就不会再感兴趣。而有一些兴趣看上去挺能持久的，但一变成有结果期待约束的任务时，我们也就兴味索然了。

兴趣只有不被结果约束时，才能让我们产生巨大的投入热情的力量。很多理想的最初与实现后的模样，都不一定是一致的。一个三流画师后来成了一个一流作家，这样的变化不是没有的。因为我们必须经历那个过程中的一切，才知道过程中的哪个部分能让我们找到自身价值，发现自己的创造力。所以，一扯理想就谈兴趣和爱好，实在太不靠谱了。

做，才会发现，就算我们不知道能做什么，也不能什么都不做。何况，我们至少知道自己不能做什么。我们不知道自己想要什么样的生活，但我们可以知道自己不想要什么样的生活。一万个胡思乱想抵不过一个脚踏实地的行动，走过了弯路才会懂得哪条路不适合自己。

就像最初的我们并不会晓得自己最后的模样一样，二十岁之前的人生像一片沙漠，如果我们不懂得寻找方向，不努力寻找方向，生命之花可能会在沙漠里枯死；如果我们盲目瞎窜，则可能会迷失自己。三十岁的人生，已经看到了前人走出沙漠的路，只是还没有望见生命的绿洲。四十岁的人可能已经发现了生命的绿洲，有的人在绿洲里安居了下来，有的人在此时才明白，自己要追求的不是绿洲，而是海洋……

如果我们没有长远的规划，那么一定要有短期的行动目标。只有行动，才能带给我们成长。

给BBC拍《荒野求生》的贝尔·格里尔斯，因为幼年上学时经常被欺负，所以他为了不被欺负，很早就开始学习空手道。由于他的年纪在同班同学中最小，所以个头也很小，身体比较瘦弱。虽然开始学习空手道，但是由于体力的原因，好长一段时间里，他并没有改变自己被欺负的局面。为了增强体力，增加自己的攻击力，年纪小小的贝尔，在别人都专注于游戏，专注于看电视的晚上，独自负重长跑。体能有了一定保障后，又在格斗技巧上刻苦训练，很快，再也没有同学能欺负他了。实现目标的过程往往同时也是发现自己的过程，在这个“不被欺负”的短期目标的鼓励下，他发展了自身肉体的特殊体能，这为他之后成为著名节目《荒野求生》的主持人奠定了基础。

他并没有因为自己不再被欺负而感到满意，相反，为了挑战自己，他专程跑去日本学习。每一种成长都不可能没有痛苦的参与，空手道对肉体的折磨不是一般人能轻易承受的，其中的痛苦同样打击得他无数次想放弃，但好在这种放弃心理很快因为有目标的支撑而作罢，顽强的努力使得他成为了伊顿公学最年轻的黑带高手。

由于向往皇家特种空勤团SAS（Special Air Service），所以后来，他先后在英国特种部队——英国陆军特种部队和SAS服役。他的梦想是当一个伞兵，但这一梦想很快在1996年破碎了，那天，他和队友一起在非洲跳伞，但是由于自己没能撑开降落伞，他的身体被降落伞伞衣包住摔了下去，伞骨刺穿了他的脊椎，背部三处受伤，他不得不停止服役。而终止服役，则意味着他多年以来的梦想彻底破碎了。他甚至不知道自己的伤能不能好，如果自己就此成为一个残疾人，他的人生几乎就毁了。

他也因此自暴自弃过，那段时间里，他感觉人生从此没有意义了，痛苦得几乎自杀。但是，即使那么绝望，他也没有真的放弃自己，在对未来进行深思后，他觉得自己虽然不能继续从事自己曾经最钟爱的职业，但还可以为慈善而冒险。

职业训练培养出的坚强意志力和处理危机的技巧使他具有了一个合格冒险家的素质。为了给一个慈善基金筹集款项，他在无人协助的情况下，领导队伍乘坐硬底橡皮艇，横穿结冰的北大西洋，几乎冻死在北大西洋里。为了让一个慈善活动获得支持，他要在离地3000米以上的气球中艰难地表演高空晚餐。从此，他的生命与慈善结合在了一起，包括攀登珠穆朗玛峰。

尽管一切装备都得自己提供，尽管经过了长达半年的资助寻求，他才终于得到一家公司的赞助，尽管他在实际的攀登中承受了九十天极限天气、有限的睡眠的考验，携带逐渐耗尽的氧气深入到了“死亡地带”（ 26000英尺以上），尽管他差点死在了19000英尺的冰缝里，但他没有放弃，终于因为登上珠峰而名扬天下，从此开始有电视台与他进行各种节目合作，他不再是那个在新婚之夜和老婆只能在没有暖气的冰冻驳船上睡觉的男屌丝了。

他一直在努力。他知道自己想做什么，所以拒绝了SAS为他提供的闲职，尽管薪水非常优厚。他也知道自己能做什么，所以在他的才华还没有被认可时，他不是为了一时的安稳而向现实妥协，而是不断为梦想奔走。如果我们有梦，就要学会拒绝安稳。如果我们想做自己想做的，就要承受属于自己的那份冒险和苦痛。人生重要的不是规划，是行动。如果梦想和理想没有行动的支撑，那么你就永远都只能停留在想和抱怨上。只有我们真正地走出去，去挑战困难，去解决问题，去为自己想要的一切冒险，我们才能活出自己。

人生是由各个阶段组成的，它并不一定只指向某个正确方向，相反，人生更像同心而直径不同的无数个圆环，每一个圆环之间都有距离，每一个环上都对应着相应的收获，而你只要肯从圆心出发，无论是哪个方向，只要一直走下去，你都能摘到圆圈上的果实。你并不一定只能摘苹果，摘梨也不错啊！你也不一定非要走到最外层的圆，也许，某一个环上的收获足以令你满意，也许，你到达一个环后，发现另一个方向的果实才是你想要的，这些都没有关系。

没有走错的路，也没有一直走却没有收获的人生，但一定有不愿意走的人和半途而废的人，他们只会羡慕那些走到了圆环边上开始收获的人，慨叹别人的好运，却始终没有想过只有走出去，坚持下去，才有可能沿着自己选择的方向走到可以收获的明天。

很多时候，人与人之间的真正差别不是天赋，而是绝不妥协的意志。成长的过程也许很复杂，但成长的方法却可以很简单：做。只有做，才能将想法变成真实，也才能获得真正能使人成长的行动力。

我们浪费不起痛苦和抱怨的时间

> 怨：从心，夗(yuàn)声。夗字从夕，从卩（jié），夕为日落，含事件结束之意，卩通节，指约束和限制。当我们的愿望被约束和限制（未达成或结果不尽如人意）时，就产生了怨。我们唯一能做的是，建立合理期待，不执着于事件结果，才能让自己不再怨天尤人。

人生的不同其实不在于终点而在于路线，所以没有绝对的弯路，你认真用双脚丈量的每一步都将成为你灵魂的疆域。它们因成为你的经历、成长和记忆，永远无法被夺走，这即是我们可以达成的不朽。所以，当没有人知道你是谁的时候，你更要清楚自己是谁，只有这样，你才能坚持到那一天，让别人知道你究竟是谁！

被吉尼斯世界纪录大全誉为“世界最成功的销售员”的乔·吉拉德，从事过擦鞋童、报童、洗碗工、搬运工、火炉装配工以及房屋建筑承包商等很多工作。就是他，在位于美国密歇根州一家雪佛兰汽车经销店15年的职业生涯中，一共售出了13001辆汽车。

有人曾说，他天生就是一个销售员。这种天才论并不全然正确，没有一个真正白手起家的人不需要依靠自己的努力拼搏便能功成名就。

乔·吉拉德出生在密歇根州的港口城市底特律。由于家庭收入很低，他家与另一家合住一所房子。大部分时间里，家里只能拿公共事业振兴署的救济糊口，玩具都是慈善组织捐来的。冬天到来时，他只能和哥哥偷偷溜进对面的煤场偷煤，以解决燃料问题。大约因为生活过于困苦，一直找不着工作的父亲喜欢以打他来发泄郁闷。

他在8岁左右就开始工作了，在一家工人酒吧里擦皮鞋，与其说是打工，不如说是乞求人同意他擦皮鞋。蹲在肮脏的地板上，擦一双鞋只挣5美分，还不一定都能拿到手。有时，顾客会多给1、2美分，但有时也会只给2美分——那时美国经济萧条，人们都不宽裕。吉拉德常常一干就干到晚上11点，而他挣的钱，全都交给了家里——就算只有为数不多的一美元，也可能是家里唯一的现金收入。

后来，他又开始送报纸，每天早上6点起床，把分好的报纸送往附近的订户家中，放学后，再去擦皮鞋。他一边擦皮鞋一边送报纸，一干就是5年。

16岁时的一天晚上，他因受不了金钱诱惑，决定与两个朋友去撬两条街交界处的酒吧。他们溜进酒店的车库，偷了一辆汽车，并把车开到酒吧背面的小巷子里。凌晨3点，一个同伙从窗户钻进去打开了门，然后，他们成箱地往汽车里搬酒。他们还撬开了收银机，拿了175美元后就开车溜了。

3个月之后，他被带到了警察局。随后，他被关进了青少年拘留所。拘留所是他待过的最恐怖的地方，一大屋子全是行军床和犯了事儿的小孩。有个大个子警察拿着皮带进来了，让一个小孩撅起屁股，然后一通猛抽。

为了离开拘留所，吉拉德对酒吧的主人承诺退赔，这才被放了出来。那一夜，吉拉德真的被吓破了胆，再也不愿意进班房了。他在附近的炉具厂找了一份工作，主要负责把绝热材料装入炉板。这是一个很讨厌的工作，因为绝热材料会钻进鼻子里，黏在皮肤、衣服上，而且工作很累，劳动强度很大，后来他因为抽烟被工头抓住而被开除了。

他干过约40种不同的工作。在给一名印刷商开卡车时，因为送货时间过长被解雇了。在克莱斯勒汽车公司干活时，负责为汽车安装车内的扶手，一个人要负责好几台机器。而他在一家电镀厂工作时，得上了哮喘病。

几经沉浮，吉拉德在1947年初加入了陆军，但在新兵训练时，从卡车上摔下来，后背摔伤，于是退伍了。

1948年，他和一个人合伙开了一家小店，前面小屋专为人清洗帽子、擦皮鞋；后边小屋则设了赌局，有21点和骰子。他没有想到，客人中有一个警察，虽然警察进去时，合伙人带着赌博的证据逃掉了，但警察局仍给每个人都开了罚单，罪名是闲散赌博。根据当地的不成文规定，他还得为顾客支付罚款，于是，他的小店不仅关门大吉，还要支付一笔罚款。

小店关门后，他又开始像从前一样，不断找工作、打架、被开除，与混混们闲荡、打台球等。后来，他跟着一个名字叫萨珀斯坦的住宅建筑商一起工作，生活才慢慢地有了起色。他不仅成了家，还有了孩子。收入虽然不算很多，但足以维持一家四口——

他、妻子、儿子和女儿的生计。

老板退休时把生意转让给了他。有一阵儿生意还相当不错，可惜那时，他没学会识人，不知道该信任谁，不该信任谁。所以当他独立做生意时，不知道只能相信白纸黑字，不能相信口头承诺。一块荒地的地产销售员为了把房子卖出去，捏造了一条虚假信息。由轻信这条信息而导致的错误投资，不仅使得他10年拼命工作的积蓄化为乌有，还一下负债60000美元——这在当年实在是很大一笔钱。银行想扣押他的汽车，因此，他晚上回家时，要把汽车停在几个街区之外，然后穿过小巷爬后墙溜回家中。

回家时，妻子向他要买菜的钱，身无分文的他一夜未眠，一直在想自己该怎么办。他几乎想死，感觉自己无论为生活付出了多大的努力，总会一下子回到原点。但妻子要钱买菜的话，让他想起了还对妻子、儿女负有责任。所以，他的燃眉之急，并不是还清债务，而是想法避免全家又挨一天饿，凑出全家第二天的饭钱。

吉拉德意识到，自己必须找一份能马上获得报酬的工作，他决定做汽车销售员。但没有销售员愿意介绍他入行，因为那时，汽车销售员一大早就要排队站在大厅中等待客人，轮流为客人服务，对他们来说，多一个人就多一个竞争对手。为了加入这家汽车公司，他不得不以下午6点前不排队等客人，只为别人都不愿意服务的客人服务为条件，加入了这家汽车销售公司。靠着他的坚韧与勤奋，他终于扭转了人生绝境，成为了世界上最伟大的销售员。

我常常想，如果换了平常人，在面临那样的绝境时，恐怕会沉沦很久，但乔·吉拉德竟然连一天的放弃都没有，似乎无论出现什么问题，他只是寻找解决方法，根据自己的处境制定切实可行的解决方案。

但我们呢？在面对重大挫折时，我们偏好在痛苦里沉沦，常常把时间浪费在对命运不公和社会不平的抱怨上，因为我们喜欢在痛苦里反复寻找和确认自我价值，只要这种自我价值没有被确认，我们就会一直沉浸在痛苦之中，于是有了种种不甘心。

其实人的一生会遇上任何看似莫名其妙、不应该，却又无法避免的事，这才是生命真相。我们唯一能做的就是接受、适应或改变。沉浸在痛苦里寻找自我价值是件很奢侈的浪费，问题出现了，只能努力地去解决问题，而不是去痛苦。

挥霍时间是最奢侈的挥霍，因为被挥霍的时间不可能重来。过分沉迷在自己的痛苦里并不会帮我们解决实际问题，与其去自怨自怜或怨天尤人，还不如努力行动，解决每一个你必须要解决的问题。如果路上有绊脚石，那么踢开它，或把它踩在脚下，如果路上有凶禽猛兽，那么，准备好刀枪吧！

要知道，人的生活不过是一个从出生到死亡的过程，我们真正拥有的只有体验。是什么让我们能拥有各种体验的？时间！

从拥有生命那刻起，我们便拥有了世间唯一的资本：时间。有时间，我们才能从一个小小的受精卵发育成胎儿，从一个小小的婴儿长大成人。有时间，我们才能去享受一些生命的存在感，用时间去换得延续生命所需要的基本的或更加丰富的物质。而死亡的那一刻，我们所失去的，恰恰也是时间。

有时间才有了一切，我们每一个人现在拥有的，曾经拥有的和未来将拥有的，都仰时间的鼻息，任何体验，若无时间的参与，都不会存在。

时间是世界万物的真正创造者，也是世界万物的唯一的伟大毁灭者。积土成山、滴水穿石需要时间，从地质时代模糊难辨的细胞到高贵的人类入主地球，需要的也是时间。假如蚂蚁有足够的时间搬运，也能把勃朗峰夷为平地。如果有人掌握了随意改变时间的魔法，他便有了上帝的权力。没有时间，人类无法繁衍壮大形成种族。时间引起一切信仰的诞生、成长和死亡。我们因为时间而获得力量，同时也因为时间而失去力量，是时间给了我们一切的精神和肉体体验。

由此可见，时间是人类最宝贵的财富，也是唯一的财富。每一个人的时间都具有不可重复性、不可再生性且极度有限。我们干什么都离不开时间，而我们用时间这唯一的货币购买什么或干些什么，决定了我们生命有多少意义。

一个时间属于别人的人是穷人，一个时间属于自己的人是富人。我们往往会用物质财富购得一些自由时间，也会出售一些自由时间去获得物质财富。

在每天都在进行的“花时间换金钱和花金钱换时间”的过程中，我们努力实现花尽量少的时间获取尽量多的金钱，以此让自己有限的时间花得更有效率。沉沦于痛苦和忧伤，只会浪费掉我们解决问题、提升自我和赚取金钱的时间。我们也必须把挣钱的目的弄明白，挣钱只是为了让我们赢得时间，让自己有时间做除了挣钱以外的事。

为稍纵即逝的事情劳神就是在浪费时间，为不能改变的事情费力也是在浪费时间，无所事事更是件可怕的事儿，因为你一定是有事要做的。

虽然财富很重要，但我们拥有的时间比财富更重要，因为我们可以用时间来交换任何东西，包括财富、成就感以及幸福等其他比财富更有价值的一切。

当然，由于先天具有的条件不同，所以我们每个人要换取每种东西需要付出的都不同，有的人可以用极少的时间交换到极多的财富，有的人需要花费很多的时间才能换来一点儿财富。但只要我们愿意花足够的时间，我们就可以换到任何东西。问题是我们的时间是有限且不可回溯的，所以我们必须想清楚自己究竟要用时间换取人生无限可能中的哪一种可能。

我们想要体验的太多，而我们拥有的时间却太少。我们每天只可以从时间银行里提取24小时。但“明日复明日，明日何其多”，我们总以为自己有一生的时间去做什么，但事实是，没人能保证我们是不是真的还有一个明天，明天是不是真的还能支取出完整的24小时。

所以我们浪费不起痛苦和抱怨的时间，每虚度一分钟，我们的生命长度就缩短了一点。明天不靠谱，唯有当下，是你可知可感的，也唯有当下，是你可以在很大程度上掌握住的。但我们总是一味地欺骗自己，延迟自己应该立即进行的行动。

消极的态度不可能产生积极的反应，只有积极行动，努力迎接人生中的每一个挑战，努力为自己的愿望而奋斗，我们才有可能实现自己的梦想。

忽视了时间的人注定要被时间忽视，所以，无论如何，我们都要学会尽量不把时间浪费在痛苦和抱怨上，而是努力把一切时间都交给思考和行动。这样，即使我们到了人生的最后一刻，也不会因为有遗憾而后悔自己不曾努力过。

怦然心动的遇见，早已是最美的结果。

拒绝孤独就是拒绝自己

> 孤，从子，从瓜，形容动物的幼小无助。独，从犬，从蜀，形容动物年长时没有子女的状态。孤独，是生命本身最重要也最珍贵的部分，我们能靠的永远只有自己，我们也只能做自己的灵魂伴侣。

我们不能要求别人按照我们的喜好来为人处世，同样的，我们也不能要求自己按照别人的喜好和期待来为人处世。尊重别人的独立性，尊重自己的独立性，才谈得上有了独立意识。有了独立意识，才谈得上成长。

成长始终是自己的事。虽然家庭和社会能在很大程度上影响我们，但是，只要我们有了独立成长的意识，就得学会有意识地对抗那些不属于平等和独立的东西。

虽然到处都有心理学家、励志学家谈成长，但却少有人研究成长这一词意味着什么。在讨论成长这个词的内在意义以前，我有必要谈谈词语的逻辑。

曾经作为悬疑迷的我，看过意大利作家埃可写的那本以艰涩闻名的著名长篇悬疑小说《玫瑰之名》，如今对内容几乎快没印象了，只是隐约记得这是一本关于教会为了实现意识控制而谋杀了一连串人的故事。让我提及这本书的原因是其中的一句话："昔日玫瑰的一切存在于它的名字中，但我们现在拥有的，只有玫瑰这个名字。”这句话很有意思，它说明了一个一直影响我们的重要问题：我们从未曾真正地理解那些看上去耳熟能详的道理。

我们给一切对象命之以名，是为了用相对固定的标签来区分不同事物及同一事物的不同部分。起名、起概念、讲道理等，都是为了区分和记忆。每一个名词背后，都有着一系列的哲学逻辑。比如当“衣服”一词是指我们的穿戴品时，这个词语是它的各种特点、功能和逻辑的总和，特点如有两只袖子，扣子和扣眼各一排；根据分类又各有不同，功能如遮羞、保暖、美化形象，逻辑如穿在身上等。当“猫”这个词是指动物的时候，那么，猫字就包括猫类动物的一切特点，长尾、短毛、眼睛会变等概念，是一种对象在一个时间集里的一切表象和特点的总和。如果我们不去留意一个名词背后的真正意思，那么，我们真的只能知道玫瑰这个名词，而不是它对某一种植物的一系列生物特征定义。

而成长这个词，生理学上只是完成生长，但在心理学上的定义则包含着如下逻辑：通过对现实的学习和积累，完成自我的心灵蜕变，使自己的精神境界层次变得更高。我们只能独自成长，别人可以参与我们外在的行为，但却无法参与我们内心的感受，别人可以通过说话来参与我们的交流，但却无法参与我们的思考。所以，虽然我们可以在外在方面通过各种方法与其他人交集，但我们每一个人都是孤独的存在。

每一个生命的存在都是独一无二的，孤独从我们出生那一刻开始就陪伴着我们了，当我们开始发现并设定与世界、与他人的差异和界限时，孤独也渐渐地发育成熟了。拥有了越来越多独立性和选择自由的我们，不得不接受一个一般人不愿意承认的真相：我们一直是孤独的旅者，尽管旅途上熙熙攘攘，尽管身边有人做伴，但依然有那么一大片内心的荒原无人涉足，我们其实一直都在自己的心里漫无目的地流浪。

为了避免直面“人生本孤独”的真相，我们开始寻找各种填充物。忙碌地工作、娱乐、交际、恋爱、生活，为的就是让心灵不再孤单。我们害怕心灵没有倚恃的不安，所以很少有人喜欢独处，很少有人让自己的心灵闲下来休息一阵儿。

在这最深、最个体化的孤独中，暗藏着所有人最共同的体验。我们是孤独的，因为没有人能体验我们面对每一个状况所经历的心路历程；我们又是不孤独的，所有人都和我们一样，有着同样无可避免的孤独。无论我们怎么敞开自己，都无法让任何人走进那片心灵领地，除了我们自己。感知力和承受力的不同，注定了每一个人的身体感觉和心灵体验都与他人不可能完全一致，所以，我们不得不接受这样一个残酷的事实：没有人真正能理解我们，也没有人能真正地读懂我们，因为没有人经历过我们的经历。这就意味着，我们，注定了要独自成长。

其实，孤独，是我们与自己相处的最好机会。在最深的孤独里，我们才会看清自己的迷惘与无助，看清自己一生中最想追求的目标，看清自己想用哪一种方法去活着。在最深的孤独里，观照我们最钟爱的自己，观照我们的心灵渴望。

不要用他人的欲望来绑架自己，也不要用世俗的观念来判断自己真正想要的东西，更不要对他人的指指点点费尽思虑。不要去羡慕我们不想成为的人——比如，某女做小姐很能挣钱，你不能因为羡慕她有钱而羡慕她这个人，你会因为这种羡慕而降低自己的做人底线。

我们只要好好地孤独地思考自己最真实的感受，思考自己在假定得到了舒适生活后还想追求的东西，就能发现最真实的自己。安全感之外的追求，才是你的追求。假如你有了安全感后就想安于现状去享乐，我只能说：这种人的安全感通常不持久，生命的真相不是单一因素，命运走势也不只受一种因素影响，如果我们的目标只停留在满足肉身的放逸上，那么，达成目标后的无聊，会让我们走向寻求精神刺激的堕落之道，黄赌毒之事无不因无聊而起，也没有一个人不因此而导致身家败落的。

不要拒绝孤独，拒绝孤独的人，也拒绝了自己。学习让自己全心投入地相处，全心投入地思考自己经历中的全部体验，并且观照这些体验激起的情绪，观照这些情绪的终极诉求，那么，我们就能越来越清晰地看清自己，接近自己，并且尝试着去陪伴自己。我们是自己的陌生人，这才是一种最可怕的孤独。

一个心理学家说，面对孤独和生命的无奈，我们的渺小感、脆弱感和乏力感常常会一并袭来，所以我们会迫切地渴望超越。但最好的超越不是对抗，而是接受，接受当下的一切，包括此刻的孤独和无助。

承认自身的有限性并不是一件多么可怕的事，有限乃是无限存在的一部分，也正是那无限创造了这有限。也许这无限不属于你，但你的的确确属于这无限。于是，生命的脆弱变成富于延展的柔软，死亡的恐惧转化为深入当下的感动，我们进入从未有过的宁静和安详，也不再抗拒和逃避自己。

孤独可以诞生对生命本身真正的尊重、理解和接受。而事实上，往往是我们接受了什么，才能改变什么。当你真正地接受了自己，承认自己只能独自成长这一现实，你就能慢慢地做到下意识地修正自己。而命运，恰恰就从你接受不完美的自己，以自我价值实现为目标去修正自己时，才真正开始了踏上反转的征途。

拒做让人鄙视的伸手党

> 路：从足，各声。足上面的口，象人头部。足下的一条线，表示可让人停，可让人走；各，从夊，从口。夊一指撞击，二指尺子，碰撞或冲突，或许是可以衡量的。口象征人头。各，意味着每个人的内心都有碰撞与冲突，但这些内心的挣扎终可被克服。路，意味着我们只能各自迈自己的步子，向自己想到达的地方出发。

前一阵，有新人向我抱怨说，我什么都藏着掖着，不肯教他们经验、窍门和重点。我不由感慨万分，想到了自己曾经作为伸手党的苦逼生涯。

因为总是期待别人教我或告诉我点什么，所以我一直没有去思考自己要主动学点什么。因为总是期待别人给我机会，所以很长时间以来，我都觉得自己“怀才不遇”。和大多数出身贫寒却有不劳而获心理的依附型懒人一样，我从来没有进行过那些需要体力、时间、耐心和金钱的学习。没有一份工作干得长久，长则不足三月，短则不足一周。不是因为自己不能胜任工作，就是因为受不了工作的苦；或被老板炒，或炒掉老板。困窘得四处求救济，也不晓得要增强一下自身的能力。

常常在想，如果不是一个编剧强迫我来北京，并帮我找到了一份让我终于有热情坚持的编辑工作，如果不是我在这份编辑工作中有了自主学习的能力，我是不是依然在困窘中沉沦？

在我第一份编辑工作中，发生了一件事让我很不痛快，但却在一定程度上改变了我作为资深的伸手党党员的恶习。由于并没有专门学习编校，也没有工作经验，所以，一开始时，我简直不知道要干什么。每天只能等编辑部主任安排我干活，但绝大部分活都是我不喜欢的，比如核红、核片、联系媒体——这不是打杂吗？由于我对很多工作规范很不熟悉，所以每天要问领导无数个问题：这个词中的某个字是这个字吗？这个句子中的连词可以这样用吗？海绵真的是一种动物吗？左肝右肺这个知识对不对啊？怎么删除文档里的重复段落？你帮我改下这个段落。你帮我看下这个稿子……

虽然我称领导为移动的图书馆，也无法阻挡他迅速被我问得崩溃。有一天，在我问了无数个问题之后，又遇上了一个生僻字，于是问领导："四个马的字读啥？"领导终于怒了："你就不能学会自己查啊，这问题很难吗？太阳底下没有新鲜事，凡是你遇到的问题，别人都遇到过。搜索一下，查找一下会死吗？你有网络，有字典，为什么总是使唤我？我又不是你秘书！"我愣了，心里十分委屈，我不是不懂吗？你是我领导，难道你不该教我？而且你平时那么好为人师，不是习惯了教我们吗？后来，我安慰自己，以后遇上不认识的字就不问他了，但别的问题仍然没少问。直到有一天，无论我问什么问题，他的回答都是"自己查"的时候，我才发现，他居然什么问题都不回答我了。我十分生气，当然，没敢抱怨领导，但心中甭提有多郁闷了，但只是暗暗立誓，以后再不问他什么问题了。真是的！我问同事还不行吗？

后来，同事们也被我问得烦了，人家不好意思说我什么，但弄得他们一味用“我也不知道”来打发我，我也就明白怎么回事了。打那以后，便绝少问同事和领导什么问题，我觉得人都太坏了，连举手之劳都不肯帮。于是，本来就内向的我更加内向了，只觉世态炎凉，如鱼饮水，只能冷暖自知，没有人会告诉我暖流在何方。

我从来没觉得自己有问题，虽然领导看出我情绪不佳后，告诉我说什么“授人以鱼不如授人以渔”，让我学会自己解决，是一个一劳永逸的解决办法。我依然生气，不想教就不想教嘛！找那么多借口做什么？见自己百般解释都没有用，领导突然问我：“有没有人像我这样什么都肯回答你？”我摇了摇头。他又问：“有没有人就算愿意帮你，但却无能为力的？”我点了点头。“有没有人虽然有能力帮你，也愿意帮你，却因为不在你身边而帮不了你的？”我点了点头。“你有没有想过，我也许哪天出车祸什么的死了（呸呸呸），你问谁？哪天我不在这家公司了，你问谁？哪天我们再也不做同事了，你又问谁？救急不救穷，告诉你方法是救急，告诉你每一个答案是救穷，我只能告诉你方法，没有办法告诉你每一个答案。”

见我还是不开窍，他给我讲了一个对我触动很大的佛教故事：

“印度北边，有一座名叫舍卫城的城市，佛陀常常在那儿说法。有一位年轻人，每天晚上都会来听佛陀说法。虽然他跟着佛陀学了很多年，但年轻人却从未将佛陀的教导付诸实践。一天晚

上，年轻人提前到了佛陀说法的地方，发现只有佛陀在那儿，于是，他便走向佛陀，说：‘佛陀，我心中常常有一个疑问！’

‘哦？什么疑问呢？’

‘佛陀，这么多年以来，我每天都来您的内观中心学习。在您的周围，有许多出家的比丘、比丘尼以及更多的在家居士。很多人都学习了好几年了。我可以看出来，有的人确实修证到了真如实性，他们已经得到了彻底的解脱。另一些人的生活确实得到了改善，虽然还没有完全地解脱。但是，我也看到很多的人，包括我自己在内，还是跟以前一样，有的甚至更糟糕，他们一点改变都没有。为什么？您为什么不用您的法力与慈悲，让他们全都解脱呢？’

佛陀微笑着说：‘年轻人啊！你住哪儿？’

‘我住王舍城。’

‘那你是不是断绝了所有与王舍城的联系呢？’

‘没有，佛陀，我在那里还有亲友，而且还有生意往来。’

‘那么你一定要时常往来舍卫城与王舍城之间了？’

‘是的，佛陀，我一年要到王舍城好几次，然后再回到舍卫城来。’

‘那么你应该很清楚这条路了吧？’

‘是啊，佛陀，我非常清楚这条路，即使蒙上我的眼睛，我一样可以找到去王舍城的路，因为我已经不知走了多少次了。’

‘那么一定有人会来问你去往王舍城的路，你会不会隐瞒不说呢？’

‘有什么好隐瞒的呢？我会告诉他们：要先往东走到波罗捺斯城，然后继续往前走到菩提伽耶，然后就到了王舍城。我会非常

清楚地告诉他们！’

‘在你给了他们详细的解释之后，这些人是否都到达了王舍城呢？’

‘那怎么可能呢？只有那些从头到尾走完全程的人，才能到达王舍城。’

‘这就对了，年轻人！人们来见我，因为他们知道，我已经走过从此岸到涅槃的道路，我对这条路线非常熟悉。他们来问我通往解脱的道路，我又有什么好隐瞒的呢？’

‘如果他们并不出发，不踏上这条路，不去走完这条路，怎么可能到达最终目标？我不会把人扛在我的肩上，背他到最终的目标，没有任何人能把谁扛在肩上背到最终目标。基于爱与慈悲，他顶多会说：就是这条路，我就是这样走过来的，你也这样做，也这样走，你就能到达最终的目标。但是每一个人都得自己走，自己走这正道上的每一步路。往前走一步，你离目标就更进一步；往前走一百步，就离目标近了一百步；走完了全程，就到达了最终的目标。你得自己走这条路。’”

听到这，我勉强释然了，口头上表示自己错了，但心里还是不大高兴。也许，那天领导下决心要改变我的观念，又给我讲了一个故事：

“在某个小村落，下了一场非常大的雨，洪水开始淹没全村，一位神父在教堂里祈祷，眼看洪水已经淹到他跪着的膝盖了。一个救生员驾着舢板来到教堂，跟神父说：‘神父，赶快上来吧！不然洪水会把你淹死的！’神父说：‘不！我深信上帝会来救我的，

你先去救别人好了。'

过了不久，洪水已经淹过神父的胸口了，神父只好勉强站在祭坛上。这时，又有一个警察开着快艇过来，跟神父说：'神父，快上来，不然你真的会被淹死的！'神父说：'不，我要守住我的教堂，我相信上帝一定会来救我的。你还是先去救别人好了。'

又过了一会儿，洪水已经把整个教堂淹没了，神父只好紧紧抓住教堂顶端的十字架。一架直升飞机缓缓地飞过来，飞行员丢下了绳梯之后大叫：'神父，快上来，这是最后的机会了，我们可不愿意见到你被洪水淹死！'神父还是意志坚定地说：'不，我要守住我的教堂！上帝一定会来救我的。你还是先去救别人好了。上帝会与我同在的！'

洪水滚滚而来，固执的神父终于被淹死了……

神父上了天堂，见到上帝后很生气地质问：'主啊，我终生奉献自己，战战兢兢地侍奉您，为什么你不肯救我！'

上帝说：'我怎么不肯救你？第一次，我派了舢板来救你，你不要，我以为你担心舢板危险；第二次，我又派一只快艇去，你还是不要；第三次，我以贵宾的礼仪待你，再派一架直升飞机来救你，结果你还是不愿意接受。所以，我以为你急着想要回到我的身边来，可以好好陪我。'"

听了之后，我疑惑道："人家神去救了很多次啊！"

"就知道你会这样想，因为你根本没听明白！"他笑了，"你的判断方法还是结果论，直接答案论！"

"难道不是吗？"

“错了，这个故事的意思是说，你要的各种答案都有，就看你愿意不愿意去主动发现！故事里的这个人，自己问题的解决方法出现了那么多次，他就是要拒绝……他只想神亲自出现在他面前说‘我来救你了’，这样的人，神都救不了！你是不是觉得公司给我开工资，本来就应该教你？”

我愕然，自己确实有这样的想法，于是点了点头。

“公司又不欠你的，为啥给你请老师？人家给你发钱，是让你来解决问题，而不是制造问题的！”

我这块顽石终于被深深地点化了，原来，我一直是那种拒绝去发现答案，而期待别人直接告诉我的人。于是彻底释怀，是的，我拿着公司的工资，不仅没有解决问题，反而把属于自己的各种问题推卸给了别人。而且，最让人难以忍受的是，那些问题，于知识渊博的领导来说，是那么的弱智。

我承认了自己的不是，但我仅仅只是觉得有了问题不应该随便问别人，而不是觉得自己随意请教是一种对他人的妨碍，甚至是伤害，也没有发现，当领导很认真地把真正的经验和智慧告诉我的时候，我总是对他说“其实，你说的这些道理我都明白”时的浅薄、无知与无礼。他告诉过我无数绝妙的真理，但让我印象最深刻的是他的一句话：“说‘不好’是最容易的！”他常劝我说：“别人没有花钱请你发表意见，你就不要发表意见。如果你没打算为你发表意见的东西花钱，也不要发表意见。你自己没有更高明的解决办法时，就不要发表意见。”

那时，我总是不懂，难道，我不买海尔冰箱，就不能说它好还是不好吗？难道，没人给我钱批评舒淇丑，我就不能觉得她真的很丑吗？难道，我不会炒朋友最拿手的菜，我就不能说朋友做得不好吃吗？

领导苦口婆心地常常教导我如何看书，如何提高自己的素养，如何去对待别人的批判与置疑，甚至将他多年的文字工作经验总结成的文档发给我看，比如异形词都有哪些，作者要如何投稿，畅销书的基本策略，具体到某一个题材要注意哪些问题等。我觉得烦，只是收在一个自己都不太记得的QQ接受文档里，匆匆瞄了两眼就关了，根本不以为然。直到后来离开了那家公司，自己无人可问时，才发现那些经验总结得多么好，多么重要，那时我才发现，我所问的问题，绝大多数在他一开始就发给我的文件里都有答案。心中无比愧疚之余，便也学会了总结经验，并且把这些经验写成文件。

如今，我像我曾经最崇拜的领导一样，总是殷切地希望自己部门的同事能立刻知道哪些东西是最关键的，所以，我把我完善后的经验总结发给我的同事。可惜，他们习惯了当我是免费秘书，经常问那些在我发给他们的文件里就有的问题，问了无数次后，我终于像我前面的领导一样崩溃了，到了我宁愿被罚款也不想回答那些已经给了或完全可以查到答案的问题的程度。因为你告诉他们的时候，他们总说“其实你说的这些大道理，我都懂”，“其实你发给我的资料，我都查得到，我就是觉得直接问你比较快”，“其实你说的标准我也明白，我就是觉得直接问你不用想那么多”。他们用最令人气愤的方式告诉你：他们只是不愿想，要是愿意想的话，你多年以来的经验和学习，他们全都懂，或者只需要去想一想，就全都会了。天啊，我这时才知道，当时对领导有多么不敬。伸手党最可恶的地方，就是理直气壮地索要，并且还看不起你的付出！

最可恨的一帮伸手党，明明自己解决问题省时又省力，还非得要你费时又费力地去解决。比如，我认识一个双子座的女生，因为她爱翻墙，常常弄得国内的网只能上QQ，没法浏览网页。我帮她远程弄了好多次，每次她都骂骂咧咧的，嫌慢！然后我说慢是因为远程控制，所以不方便，要快的话，她可以自己动手，点下360的电脑门诊，看见“QQ能上但网页打不开”选项，打开这个问题后点下“修复”按钮就好了，但她总是说：“还是你帮我吧，电脑我弄不懂”，天！就这么简单的步骤，她既不愿意去学，也不愿意包容远程控制的慢。我真的只能说：这样的人，神仙也救不了！

后来她又问了多次，我总是装作不在线，虽然心里蛮担心她的，但还是忍住了远程帮她解决问题的欲望。一周以后，她给我发来一条消息：“姐姐，这些天你去哪儿了？你不在线，我打不开网页，问了很多人都不知道怎么办，我只好按你告诉过我的办法去解决只能上QQ不能浏览网页的问题，我试了试，真的很灵呢！我还帮好些不懂的人解决了这个问题，这问题真的太简单了啊！”这种人只有在绝望的时候，才会想法自己去解决问题——可见绝望其实是件好事，至少可以培养他们在某一个问题上不依赖他人的习惯。

伸手党还有一个可恶的地方，就是你费心、费力、费时地帮他们解决了问题或欲望之后，他们轻飘飘地告诉你，他们其实是知道的。比如有个家伙在百度知道上发了一篇长长的专业文献高分求翻译，我看到时，已经有一些人放上了用谷歌、有道或海词自动翻译过了的答案，此君将他们挨个骂了个遍。我也觉得这些人该骂，不会可以不回答，干吗为了赚两分积分用网络自动翻译呢？所以我就认认真真地帮他翻译了，他采纳之后——我确实得到了他承诺的高分——评价来了一句：其实我也知道是这个意思，就是不愿去想，谢谢你啦！当然，他比有一部分人还要好些，有些人采纳了你的答案，却不给你分。这些人究竟吝啬到了什么地步！他人为你费时费力，解决了你的问题之后，还要去告诉人家，其实他们的知识没有什么大不了，你也知道。难道你只是想玩弄他们？

伸手党还不是最可怕的，最可怕的是催坑侠，我在天涯发了个叫《从社会生物学角度谈谈婚姻与家庭真相》的帖子，只是想帮助一些迷茫的女性学会理解自己的困扰，本以为这是一个很少会有人看的帖子，出人意料的是，这个帖子居然火了，没几天点击就过了几十万，不少涯友加我QQ求更新，如果有哪天没更新，定然有人问："楼主怎么还没更啊？"不过由于发的版块不合适，很快就被扎口了。帖子虽然被扎口了，可是发短信求教问题的却没怎么减少，如果我恰好有两天没有上网，没有得到回复的人会接二连三地催我回复，好像觉得我理所当然要帮她们解决问题似的。有一个人由于我回复不及时，竟然开始叫骂："声称自己是愿意帮助大家解释疑惑的人，却对我们的问题视而不见！”天啊！难道我不要上班，不要管衣食住行，天天看着天涯信箱，挨个回答各位“我认识了两个女孩，一个比较漂亮，另一个比较懂事，我该和哪个交往？”“我老公出轨了，我也知道不能只怪小三，可是我心里就是恨小三，希望老公狠狠地抛弃她，不再与她来往，我该怎么办？”“我今天30了，全职主妇，老公出轨怎么办？”“我也知道要人格独立，可是我就是做不到怎么办？”“看了你的帖子，我终于知道自己要找一个什么样的老婆了，可是真正能合乎要求的，要么比我大太多，要么年纪合适但又达不到要求，怎么办？”甚至“家里没钱，还想出国读书，又可怜父母，不忍心花了他们的血汗钱，该怎么办？”等等问题？

网络是个有着成万上亿网友的大家庭，每天都会有数不清的发言，每个人的生活和认知都是不同的。我没法基于我的生活阅历解释你老婆看不起你的问题，即使我能从社会生物学角度告诉你，女性拜金和男性好色一样正常；因为你从来没有觉得是自己太穷或太丑，不配拥有一个配偶，而是觉得女性都太俗太拜金，你别妄想我可以抹杀女性本能去满足你的懒与贪；我也无法告诉你，你什么都不会，光带孩子了，和他母亲关系不好，现在他有了钱为什么要抛弃你这个发妻的问题；更无法告诉你不想工作但是没有地位；或你就是个嘴巴、脾气不好，但是不愿意别人不喜欢你；或你不想上班但是又没有钱，该怎么办等问题！要么改，要么衰，我没有让你既不改变缺点却能改变霉运的办法。如果你连自私和付出都弄不明白，你还期望什么自我救赎、自我实现？

凭什么你父母和你自己都解决不了的问题，要我给你解决？

不要做总是什么都不看，什么都不查，张嘴就问，只想一步到位得到答案的伸手党党员，别人不是你的打杂秘书。

说穿了，伸手党就是想不劳而获，说好听点叫缺乏主动性的一类人。事实上，没人应该教我们什么，即使是自己的前辈或领导。再说了，就像我当初一样，即使领导把我需要的基础问题都总结成文件发给了我，我依然会问他；就像我现在的同事，就算我把所有工作经验和知识的文件都发给他们，他们也不会看一样。他们会被动到必须学会一加一等于二时，才会记住一加一真的等于二。否则，他们会一次又一次地问你，一加一等于多少？所以，我不会再回答那些我已经解决了或可以查到的问题。因为众生的秉性注定了只有花了大钱或费了极大功夫学到的知识与经验，才会珍惜。

就像我妹妹，平时告诉她的道理永远不会听，后来花了几万块去听课，滔滔不绝地对我讲，然后努力去实践那些所谓的道理。没有办法，人就是犯贱不犯贵。我贱，不花一分钱就把道理告诉了她，而那个骗子贵，直到现在，她依然迷信那个死骗子理论“大师”，无论我怎么告诉她那些东西不科学，她都不愿意相信。就像宗教狂，无论我怎么告诉他，他的偶像是个死骗子，理论是抄袭儒、释、道加《圣经》的，功夫是抄少林与武当的，他都不会相信一样，他永远觉得自己的偶像是宇宙的创造者，为人生担负一切罪业的伟人。我只想说，他要真能担负，你何必再多受苦？他若真至高无上，怎么还要四处逃逸！

所以，如果你愿意当宗教狂，不要看我的文字；如果你正迷信着谁，也不要看这些文字；如果你是伸手党，我倒不拒绝，因为我相信这文章可以改变你的一点儿认知。什么知识和经验都需要真正感觉到了付出，才会珍惜，比如金钱付出，比如精力付出……岂止是“纸上得来终觉浅”？别人告诉你浅，你未必觉得浅，只有经历过、沧桑过，你才会珍惜得到的经验和答案。所以，就算你开始就问，也没人能回答你，就算回答了你，你也多半不会去照着做，或者你根本就不懂。就像我最近看到的一个笑话一样。

“一个学生问老师：‘口加舍字，念啥呀？’老师回答说：‘啥！’学生以为老师没听明白，于是又问了一遍：‘口加舍，念啥呀？’老师火了：‘破孩子，自己查！’”

我记得罗永浩似乎曾经说自己最感谢某位老师的三个字“自己查”，因为这三个字让他学会了自己解决问题。没吃过苦、摔过跤、走过弯路的奋斗，只是一种平庸，不会留下什么痕迹，也不会有什么记忆和收获。

所以，别做伸手党成员，要去经历冒险、摔跤、走弯路，每一种曲折，都会成就你的成长。

觉悟于当下，解脱于未来

> 癮 瘾：从疒，隐声。可拆为疒、阝、刍和心。疒是病；隐表示深重的痛苦。刍,从又(手)，从草。表示以手取草。取是为了收获，心上总想收获就会急，这种急一旦非常强烈，就会导致产生精神上的深重的痛苦。瘾说到底，就是一种严重的欲求不满导致的心理依赖。

在人生最低谷的阶段，我曾经疯狂迷恋大型网游《热血传奇》。为了打游戏，我可以请求在网吧上班，用工资冲点卡买道具。为了打游戏，我可以和一个混混成为朋友，因为他可以带我。

他帮我练了两个角色，一个法师，一个道士，他则为自己弄了个武士。法师攻击力最强，升级快，打装备厉害，但自卫能力最弱；道士治愈力强，下毒和到36级带的神兽是搞远程攻击的强手；武士抗打击能力和近身攻击能力最强，在打超级BOSS的时候，可以替法师抵挡近身攻击。

我们天天打《传奇》。为了升级，我连续七天待在网吧，不睡觉也不吃东西，七天瘦了二十斤——谁说减肥难！

那时，我特别喜欢在游戏中捡钱，最喜欢听金钱落袋的声音，每当那种难以形容的清脆丁铃声响起时，我就觉得自己好像又得到了什么。所以那时常干的一件事是跟在他屁股后面捡打怪的钱和各种准备卖钱的小装备。哪怕后来到了级别极高，有价值传奇币近百亿的金砖时，依然会飞到容易捡钱的地方听那金钱落袋的声音。

各种能迅速上手的游戏都能让我上瘾，在手机刚出来的年代，我能把《贪食蛇》玩到一千多分，那意味着蛇的身子几乎满屏了。什么《打泡泡》《黄金矿工》等都是我曾经沉迷的。不过我玩得最久最多的还是《热血传奇》，最疯狂的时候竟然差点和一个上海的玩家结婚，因为两人“志向相同”，他愿意解决我生活中的各种问题，还和我一起打游戏。

很长一段时间我都没有弄明白游戏成瘾的原因，其实，爱游戏的原因太简单了，可以获得心理需求的满足。那么，游戏有哪些特点，可以满足哪些心理需求呢？

一是操作简单易学，这点非常重要。比如《热血传奇》，我们只要按［F1］到［F12］这些按键，用好鼠标就可以了，而且哪个技能对应哪个键可以随便设置。我的［F1］就是固定的雷电术。学技能也简单，到书店买本你想学的技能，点开后，玩这个技能就是在学了。也就是说，我本来是在玩技能打怪，但我却在升级。我按满两百下［F1］，雷电术就升到了一级，再按满四百下，雷电术就能升到二级，再按八百下，雷电术就能升到最高的三级。简单、重复，不需要思考，会按一个键就行了，一旦学了还终身受用。雷电术哪怕到了极高级别，也是一种很强大的攻击技能，简单易学受用时间长，能满足人们学东西快的成就感。

二是公平。谁的角色都是从一无所有开始的。只要肯努力，不断重复训练，就能不断升级和收获打怪所得的一切，这种付出就能感受到回报的确定性是现实社会中最缺少的。我们的工资通常要一个月才能领一次，这还算是最及时的回报了。很多工作做完之后完全没有看到自己预期的回报，反而因为犯错而受到了更大的损失；有些工作因为各种原因背离自己的计划；有些工作更是需要经年累月的等待后才可能有回报，而这些在游戏里是那么容易获得，所以我们总想在游戏里寻找这种付出就马上见到回报的感觉。

三是无论你装备多烂，都可以通过打怪获得金钱和经验，捡把小木剑就可以起家。无论杀了什么怪都有收获，就算没有装备和钱，你还可以收获升级的经验值。只要你不闲着，不打架，你就能获得等级的不断提升和财富的不断积累——我在游戏里就是典型的勤劳致富，很多级别高过我的爱打架的人，都得拿人民币找我买金砖——你看得见自己付出后的被承认，这种被承认能让我们满足内心最强烈的需求之一：自我认同。

但是在现实世界，我们很难一捡到小木剑，便拥有一种不劳而获的小能力，我们一定得付出努力后才能获得相应的能力，不管这种能力有多小，付出之后也不一定就有回报。相反，各种原因让我们发现自己的很多努力换来的都是伤害，不是我们做了，便可换来金钱回报或者经验成长，而是我们同样一个错误，同样一种伤害要面对很多次之后，才能带来一点成长。所以我们喜欢在游戏里寻找付出就马上有回报，付出就能被承认的感觉。

四是新鲜。每一个级别在一个地方发展到一定层级后，就可以打更高级的怪，去更新的领地里打经验值更多、钱更多、装备更好的怪。而且当开始大家以为的顶级装备开始普及，高难BOSS有更多人有能力挑战后，网游开发商又会推出更加高级的装备，更加难打的怪物，更加有杀伤力的技能。开始时法师的顶级技能，个体攻击是雷电术，群体攻击也不过是冰咆哮，顶级装备也不过是法神装备一套外加一根骨玉权杖罢了。后来开始有大BOSS爆出了龙牙，再后来出现了嗜魂法杖，到现在，顶级技能已经变成了流星火雨，顶级武器已经是玄天了。为了增加趣味性，原来只有三种角色的系统现在又多了一种角色，总之，当你一个需求被满足后产生失落时，人家又给你弄出一种新的欲望来，你可以永远地追下去！

五是总有机会重来。无论在里面因为冒险付出了多大的代价，即使是生命代价，我们还可以复活，顶多掉点装备。由于没有生命安全的顾虑，所以我们可以肆无忌惮地冒险，和级别比自己高的人PK，挑战生命力、攻击力强过自己一百倍速的终极大BOSS，去各种危险的山河湖海中征战……

六是网游实在太懂得迎合我们的人性弱点——懒。原来的《热血传奇》，因为需要人去操作才能打怪升级，相对较累，于是有人发明了外挂，只要开着外挂，角色就会自动买药挖矿打怪，一觉醒来，挣钱了，升级了，再也不怕PK了。可就这样，玩家还觉得不够好，因为外挂虽然好，智能性还是弱了些，只能完成一点简单的自动处理。所以，现在的游戏，连外挂也不必要了，只需要点下挂机键，角色就会自己做任务，自己决策一些事，自己根据需要决定使用哪种技能，连PK活动都可以自动进行，总之，不会闲着……我常常在想，会不会有一天，玩家连鼠标都不用点，只要想想就能让角色挂机了？而玩家，会不会是另一个更高级智能对象创造的全智能角色？

打过游戏的人都知道，当成长速度变慢后，玩家就会失去升级的动力。一般人在一两个月都升不了一级的时候，就不喜欢打怪升级了，他们开始变得无聊，通过不断打架、抢装备来打发时间，不断追求更好的装备……通常来说，沉迷于游戏的人心智非常脆弱。他们内心不甘于生活现状，但又不敢走出去冒险。他们自卑、胆小、懒惰、急躁、爱逃避，做事却拖拖拉拉，很想改变自己，却又害怕改变自己。

沉迷于游戏的人知道自己懒，知道自己没有意志力，知道自己还有虚荣、好攀比等其他缺点，但知道归知道，也非常想改，可就是提不起心劲儿来进行一次真正的改变。即使偶一为之，也因为惯性力量的强大而放弃了，虚心认错、坚决不改就是这种人的特点。

我们逃避问题、逃避努力的借口常常是“我懒”，说得好像是自己不干正事时都在一心不乱地静待着一样。君不见，那些说自己懒的人，虽然没有干什么正事儿，其实也一直忙活着呢！有的打游戏，有的看电视，有的玩智能手机，总之，哪样对自己胃口就玩哪样。

这么一看，我们不难发现，我们其实一直都没有闲着，我们努力让自己忙着呢！各种忙都是为了确定我们自己的存在感和满足感，不是吗？真让你闲着，你会崩溃的。所谓的懒，只能说明你用懒来逃避的对象让你找不到存在感和满足感。

我们所追求的闲不是让身心都闲下来、静下来，不去感知外界，而是拒绝我们不喜欢的感觉，享受我们喜欢的感觉，我们所做的一切，都是为了确认自己的良好感觉，而良好的感觉可以让我们相信自己的价值。

这就是为什么我们会沉迷于游戏的原因。

要戒掉游戏瘾很难，因为在现实中没有一种成长会像游戏那么容易，没有一种获得能像游戏那么容易。我们并不是天生就要等着家人父母和社会付出的，只是因为我们从小没有培养真实的成长能力，所以我们不知道怎么成长。虽然父母可以为我们做很多，但我们不会高兴，不会感恩，顶多看见父母辛苦时感觉有点内疚罢了，因为一种得到没有体现出自己的价值的话，我们就不会有满足感。

那么，怎么戒掉游戏瘾呢？

还是要从目标谈起，但是，不能再好大喜功了。长期的远大目标要实现起来实在困难，我们只能脚踏实地，老实地制订有一点点挑战的目标，这个目标要可以量化，要能分解步骤，具体到只要去执行就能看见效果。拿读书来说，我们只要计划一天读十页，一个月就能读完一本三百页的书。但这样的计划往往因为太简单又太需要持续性而导致容易中断，那怎么办呢？比如每读五十页就给自己一个奖赏，也许会容易坚持些。但是真正的坚持力是需要内心强烈的渴求或急需解决的压力才能产生的。读不读完一本书，如果于我们来说没有什么实际的回报或恶果，执行起来又不像游戏那样简单，那么我们就很难坚持下去。

所以单纯说，要相信自己能完成，每天都去做计划中的事就会有收获，其实是空谈，是误人子弟的成功学。一个现状安稳的人，如果没有遇上生死难题，即使过得好像无比痛苦，也是很难为了一件事去努力改变什么的。

曾经有一个极有天赋的小编辑，表面上很安静，吩咐他做什么事都会爽快地答应，就是做事特别慢。我开始觉得是他心不在焉，所以只是提醒了他一下，后来发现，那些貌似简单的东西，于他来说却是非常困难的，以至于他内心觉得自己干的活吃力不讨好，于是没多久便离职了。离职后没多久，一天他突然请求让我聆听他的心声。

原来他拿到工资就赌博，渴望一夜暴富，如今已经生活不下去了，到处找人借钱，内心很惶惑。生活如此困难了，他也不想找个工作好好地干。我看得出来他找我的意思，其实我是有圣母心态的，我一冲动差点就说：我先借你一千吧！但是想想后又忍了，因为我不知道借钱给他，是帮了他还是害了他，如果因为我能借给他钱，他就不断借下去，那么他会永远赌下去，永远都不会改变。

赌博是另一种游戏，它的速效性是现实中所没有的，赢一把马上就能收钱。我们每个人又总相信自己总会遇上好运，由于看上去大家在天赋上没有太大不同，所以如果我们输了，就会不甘心，想重新赢回来证明自己的价值，也得到期待中的金钱回报，如此产生的变态心理疾病就是赌博成瘾症。

人的心理有一种疼痛反应机制，如果我们的痛总是温水煮青蛙，就不会激发这套疼痛反应机制。大家都生过病，最难好的往往是感冒，倒是一些直接的伤，康复起来特别快，因为一般的感冒很难刺激我们的疼痛反应机制，因此也不能刺激我们的身体自愈机制，所以有的人常常小病个十天半月都不好。

心理机制也一样，只要变故程度是在常态范围内，我们的心理自愈机制就不会被激发。唯一能让我们产生改变渴求的是可以颠覆一贯认知观念的重大事件刺激。

所以，我感觉他很难马上有什么改变，除非刻骨铭心地痛上几次。但就怕痛带来的不是反省，而是加倍的报复，就怕痛死也没有觉悟。看看那些金盆洗手的老千，有谁不是因为无数次差点丢命才断了赌博的瘾？

无论我们要戒掉什么瘾，只有两种方法，一是等待岁月的苦难终于改变了你的认知力后发狠心戒瘾；二是寻找一种自我快速成长的代替办法，降低对自己的要求，确定好最清楚的短期目标和未来大致目标，慢慢修正自己。但无论哪一种方法，靠的都是我们对人生目标的确立和坚持下去的毅力。

对于和这位小编辑一样的人，我的建议是重新定位自己，重新学一门技能，不要用“已经欠了很多钱”或“觉得自己再不多挣点钱就感觉活不下去”这些借口来逃避自己必须从低处开始的现实。我们不可能一下子就把环境改造成自己想要的样子，我们只能先接受环境，适应环境。如果哪天真的产生了不能承受之痛，我们连后悔都没有机会了。趁一切都还来得及，去接受不能改变的，努力提升自己。

改变自己的路上风雨飘摇，谁都是经过千万次摇摆才长大成人的。如果我们中的谁有什么成瘾症，又确实有戒掉的意向，那么，我们可以向贝尔·格里尔斯学习，从解决最基本的问题入手。他为了不被欺负，努力学空手道，最终成为了一代探险家和畅销书作家。

我们不妨问问自己眼下最需要解决的是什么问题，怎么解决，分多少步去解决，要花多长时间。

就算我们知道了怎么做，严格按步骤做，也依然会面临各种挫折，但一定要去做才会成功。

就像我那只有初中文化的妹妹，在厂里做得不耐烦了，用各种办法凑齐了学美容的学费，拿到了美容师证。虽然拿了个证，找份美容院的工作依然那么难。她只好去化妆品公司推销化妆品。这其中失业了多少次，只有她才清楚；受了多少苦难，只有她才清楚；遇上了多少次没饭吃，只有她才清楚。反正她找我哭了很多次，每一次都哭得撕心裂肺，我却无法给予任何帮助。她在这个行业里跌跌撞撞地挣扎着，即使很努力地干着琐碎的打杂，也还避免不了被离职的命运。即使如此，她依然坚持着，觉得每一家抛弃她的公司，都教给了她很多东西。慢慢地，她懂得了怎么做PPT课件，怎么讲解公司的产品，怎么帮别人装修美容店……从助理到讲师，从金牌讲师到导师，从总监再到美容院老板，她不算成功的，但绝对是励志的。

无论戒什么瘾，都不会因为我们想戒就一下戒了。我们只能坚信：只要我们慢慢去做，一定会做到。

不要一下子全部断绝自己与迷恋对象的接触，那样会引起强大的心理应激式叛逆，产生更强大的渴望。我们可以减少一点时间，把自己最迷恋的东西当成奖品。比如，在第一个月里告诉自己，如果每天能坚持学一小时英语，那么就可以玩三小时游戏；第二个月，坚持学一小时英语，可以玩两小时游戏……直到你的英语达到预期级别。

强迫自己提升技能，以自己迷恋的东西做奖品，告诉自己，要先有能力立足，才有更多钱玩自己心爱的游戏。工作中也可以如此，告诉自己必须把工作进行到什么程度，才可以去玩自己最喜欢的游戏。

当我们在学习和工作中找到了满足感时，其他瘾会很自然地弱化，也许，有朝一日，你也会和我一样，可以坚定地对邀约我的玩家说："不了，我已经不再需要追求游戏里的感觉。"

去爱去疯去闯荡，去梦去追去后悔

> 悔：从心，每声。每的头部是屮(chè)，即草木初生。母则表示根源和开始，引申为一心想回到最初的时候重新开始。有悔，就是有改变的意识，心灵准备重生。痛过悔过，才知道自己想要什么。只有在遭遇了真实的挫折后，才会重新去思考，当初以为很美好的东西，是不是我们想要的。

两个穷困的年轻男孩，在城市和乡间挨家挨户乞食为生。其中一个男孩出生时就瞎了，另一个男孩协助照顾他，两人就以这种方式一起出去乞讨食物。

有一天瞎眼男孩病了，他的同伴对他说："你留在这里休息，我到附近讨点东西，带食物回来给你吃。"然后他就出去乞讨了。

那天正好有人给这男孩一样非常好吃的食物，是一种印度式的牛奶布丁。他以前从未尝过这种布丁，觉得非常可口，但很可惜，他没有容器可以将布丁带回去给他的朋友，所以就把布丁吃光了。

他回来后对瞎眼男孩说："我实在很抱歉，今天有人给我一样很棒的食物叫作牛奶布丁，可惜我没办法带回来给你吃。"

瞎眼男孩问他："什么是牛奶布丁呢？"

"喔！它是白色的，牛奶是白色的。"

由于生下来眼睛就瞎了，瞎眼男孩无法了解，“什么是白色呢？我不知道。”

“白色就是和黑色相反的颜色。”

“那什么是黑色呢？”他也不知道什么是黑色。

“唉！试着去了解看看呀！白色！”但瞎眼男孩就是无法理解，于是他的朋友四下张望，就看到一只白色的鹤，他捉住了这只鹤，把它带到瞎眼男孩面前，说道：“白色就像这只鸟。”

由于眼睛看不见，瞎眼男孩伸出手，用手指去触摸这只鹤，说：“现在我知道什么是白色了，白色是柔软的。”

“不是不是，白色和柔软不柔软完全无关，白色就是白色！试着了解看看吧！”

“但是你告诉我白色就像这只鹤，我仔细摸过这只鹤了，它是柔软的，所以牛奶布丁是柔软的。白色就是柔软的意思。”

“不，你还是不了解，再试试看吧！”

瞎眼男孩再一次仔细触摸这只鹤，他用手从鹤的嘴巴摸到脖颈、身体，一直摸到尾巴末端。“喔！我现在知道了，它是弯曲的！牛奶布丁是弯曲的！”这个故事叫《弯曲的牛奶布丁》，瞎眼男孩不能了解白色，因为他没有体验白色的能力。同样的，如果你没有如实体验真理的能力，真理对你而言就永远是弯曲的。

很多貌似都懂的真理，只要我们没有亲自去体验，没有体验的能力，那对真理的理解就是歪曲的。我们似乎知道乔·吉拉德为什么能成为乔·吉拉德，知道为什么乔布斯会成为乔布斯，但只有经历才能让我们真正把那些道理变成意识。那些改变我们一生的道理，都不是别人教会的。

一个白羊座的朋友失恋了，他找到我痛哭流涕地说：“我现在好痛苦、好难过，怎么办？”我看了他那张俊美的脸后，面无表情地回答说：“那就尽情尽性地痛苦去！”“可是我很难过啊？我是来找安慰的呢！”我白了他一眼说：“那就好好地体验一下难过的感觉，这不挺好吗？难过只是过得难点罢了，又不是不能过！”他无奈地看着我，请求我陪他喝酒，我拒绝了：“要疯是你自己的事，要爱是你自己的事，要难过是你自己的事，要发泄也是你自己的事，不要扯上我。”

是的，如果你痛，就尽情地痛，如果你难过，就好好地难过一下。一个非常受伤的人的痛苦，是不可能从别人的安慰那儿得到缓解的。心灵的伤不是外伤，打打针吃吃药就能治好，能愈合伤口的永远只有心灵的自愈力。如果你的心灵自愈力一直那么低，不能在痛苦中赢得一点成长的话，你就会一直那么脆弱，一直那么容易受伤，心上的伤口也一直不会愈合。

痛苦了不要找人倾诉，别人也许会告诉你一些大道理，但我们的理性那么脆弱，根本敌不过受伤后的本能反应。我们只能先接受这些本能反应，再慢慢反省自己究竟为什么受伤，只有我们在痛苦中彻底想明白了自己的下一步，彻底看透伤害的本质，放下伤害对自己的影响，我们才可能从一种心灵困境中走出来。

每一步路，都要我们自己走，我们只有拥有过那些经历，才知道自己究竟要什么。所以很多时候，我们只要记得一件事：去体验不同的经历就好。去爱去疯去闯荡，去梦去追去后悔，像有人所说的那样，去在热恋中没心没肺地笑，去在失恋后声嘶力竭地哭。去翘课，去打架，去拼命读书，让自己真正地领悟别人用填鸭的方式硬行灌输给你的道理。

常常在有人向我求助，然后我告诉他们怎么做后，他们会告诉我一句："其实，你说的这些，我都懂。"到这时，我只能呵呵一笑。大道至简，没有哪条真理在文字上是费解的，但是认识字面意义和实际内涵是两回事。比如，我们常听到的一句名言是："己所不欲，勿施于人。"我们的主流解释是："你不想要的东西，不要强加给别人。"但是，又有几个人专门思考过这句简单道理究竟都提到了哪些要求？己所不欲的对象有哪些？如果我们没有一定的思考，学到这句话也只是增加了一句可以引用的口头禅罢了。所以大诗人陆游才怆然慨叹："纸上得来终学浅，绝知此事要躬行。"

还记得"按图索骥"的故事吗？据说，秦国有个人叫孙阳，他一眼就能认出好马和坏马，所以人们把他叫"伯乐"。他相马术一流，由于深有体会，便把自己的相马术写成了一本《相马经》。他的儿子把《相马经》背得滚瓜烂熟后，便以为自己也有了相马的本领。一天，伯乐的儿子在路边看见了一只癞蛤蟆。他想起《相马经》上说额头隆起、眼睛明亮，有四个大蹄子的马就是好马，拿着理论跟癞蛤蟆一对照，发现这家伙的额头隆起，眼睛又大又亮，正是一匹千里马呢！于是，他非常高兴地把癞蛤蟆抓回了家，对伯乐说："快看，我找到了一匹好马！"伯乐哭笑不得，只好说："你抓的马太爱跳了，不好骑啊！"

纸上得来的东西，只是一些规律的总结。它们是真理，但这些真理可能具有普遍性，并不是独立特性，以孤立于环境的真理直接判断真理，只会误解真理。

这些自以为懂得真理的人与《乌合之众》中提到的爱斯基摩人非常相似。他们的逻辑能力低，根本不懂得推理，只懂得取类比象，他们所谓的推理能力依靠的是心中自以为是的观念。爱斯基摩人从经验中得知冰这种透明物质放在嘴里可以融化，于是认为同样透明物质的玻璃，放在嘴里也会融化。所以，如果他们学到一条道理，只通过二进制简单思维，承认了道理的正确性，然后就会觉得自己是懂得的。

群体推理只是把表面上相似的事物搅在一起，并且立刻把具体的事物普遍化。

比如“己所不欲，勿施于人”，他们通过一点生活经历联想，承认这个道理的正确性，便马上觉得自己“懂得”了这条道理，他们把承认正确性当成了“懂得”本身，根本不知道“己所不欲，勿施于人”这条道理实质上包括的一切：你不想听到的话，不要对别人说；你不想做的事，不要强迫别人做；你不喜欢的东西，不要强迫别人接受；你不想得到的对待态度，就不要用这种态度对待别人……这几乎包含了我们为人处世的方方面面，岂是一句“这些道理我都懂”便能真正证明你懂了的！

所以佛家有一句话说，人生有三重境界：一，看山是山，看水是水；二，看山不是山，看水不是水；三，看山还是山，看水还是水。很多人对大道理的懂仅仅处于第一重境界，只看到事物的表面，就以为自己知道了。而那些慨叹人性无法被看透的人，则处于第二重境界，他们发现，表面之下，还有自己根本没有想到过的复杂和迷离。而到了第三重境界，发现万事万物皆理所当然，到了这个时候，他们才是真正地懂得了那些看似简单的大道理，其实并非自己最初理解的模样。

所以即使我们有最完美的理论，都没有把握说服那些还没有开上奔驰的人相信奔驰不是他们想要的。我们也没有把握说服那些还没有作为一名公务员在政府工作过的人放弃对公务员的幻想。所以无论我们这本书多想朝实用的方向靠拢，也不能马上就让你相信里面的每一个道理，就像我们无法让人相信，他从来没有拥有过什么和他一直拥有什么的幸福感没有什么根本差别一样。

如果我们真正在做自己想做的事，在这段经历里认识的人，发生的变故和得到的经验，都会成为我们人生的一部分。只有不断去经历，我们才能理解那些我们似乎知道的一切，只有经历能帮助我们发现那个一直存在着，但是却不曾看到过的世界。互联网领袖保罗·格雷厄姆曾经在他的日志《边缘的力量》中写过一段非常精彩的话：

“如果能回到二十多岁的时候重新开始，我会告诉自己一件必须要去做的事：一起努力做点什么。和许多同龄人一样，我的很多时间都被浪费在了去思考和担心自己应该做什么上，我也花了一点儿努力创办了些什么。我应该更少地把时间浪费在担心上，用更多的时间去创造。如果你不知道自己该干什么的话，那么，去做一些什么吧。”

所以，当曾经的同事向我求助，帮助分析他应该做什么，是不是应该为了生活下去而重回公司时，我说："千万不要走老路，你已经验证过两次，这个行业不适合目前的你。"他困惑地问道："那我适合做什么呢？""你目前的心态不适合任何行业，因为你现在并不知道自己想要什么，你只是经济困难需要钱罢了。但是，不要为了一点点生活下去的钱去工作，为一丁点生活费而被奴役的感觉太失败了。由于太自卑，你有很多人格障碍，社会把你培养成了伸手党，你不能从解决问题中获得成就感。因为你对世界没有掌控力，所以你想躲在心灵舒适的地方，不愿意走出来。唯一的解决之道，就是自己去闯去试去感受，重要的不是做什么，而是做什么能让你感觉自己有掌控力，做什么能做好。只要你干成了一些自己能干的事，你就会有成就感，有成就感就能找回一些自信，就能摆脱现在的弱能量心理状态。在北京，只要你愿意做，就不会活不下去。不愿意被奴役，可以做兼职，做群众演员，做服务生……闯过之后，你才会看清自己脚下的路该怎么走。"

如果我们要找到自己想做的事，唯一的办法就是：做些什么事。我们的人生很短，时间货币没有我们想象的那么多，所以我们要行动起来，去爱去疯去闯荡，去梦去追去后悔。在我们做各种选择的路上，后悔并不是一件坏事，它的存在，只是为了提醒自己，我们选择的路不对，因为我们经历过那些犯错后悔，所以我们懂得下一次怎么做才会更好。

很多成功学、励志书都要求我们"做自己想做的事"，但却从来不告诉年轻迷茫的我们，究竟什么是我们想做的事，以至于使得很多人误把本能欲望当成了自己的理想。比如我想一天能睡十四个小时，或者我想一天买一个好包包，我想泡一百个美眉，我要嫁个有钱人等，这些是欲望，是我们自以为可以更舒服或使自己显得更有价值的欲望，而不是体现自己的创造性价值的事。

我们想做的那些事，是满足了基本欲望之后最想做的事，静下心来，想一想，当我们现在的所有欲求都满足之后，当所有消遣都满足之后，你还想做点什么？这些才是我们自己真正想做的事！如果你不知道，那说明你是迷茫的，你需要去疯狂去闯荡。有些看上去很美好的事，做了之后你才会知道也是琐碎与繁杂的堆积，做了之后你才会知道究竟是不是你真正喜欢的。

世界非我所愿，却理所当然

做个有变现能力的理想主义者

> 價 价：从人，贾声。贾是买卖，人为买卖谈定的交易条件叫价钱，值指措置，放置，一个人把自己摆在何处，称之为价值。价钱是物质化的，而价值是精神化的。

这一节主要写给作为女孩、女人或全职主妇的你，希望这一节可以让你明白，自己的独立性有多么重要，然后自强、自立，做快乐的自己。

人与人之间的相互依赖，是建立在平等交换的基础上的，我有梨，但想吃你手上的苹果，就必须和你商量，一个梨或多少个梨才能换得你一个苹果，意见一致后再相互奉献。但是，在一个没有平等观的社会里，则成了我想给你一个梨，然后就给了，不和你协商，不管你愿意不愿意，你都要接受，并且把苹果回报给我，至于要回报多少个苹果，全凭我的感觉，你应该自动自发地回报我，并且数量要合乎我的预期，我才会满意。甚至，我没有梨，但感觉你应该给我苹果，你就应该把苹果给我……

没有平等观的民族不会有契约精神，一个没有契约精神的民族，其成员也不会有什么独立精神。所以在这样的国度里，女人自以为是地以付出求回报，比如我做家务了，我照顾你生活了，你就应该给我爱，给我家，给我一辈子钱花。人家是狮子，你辛辛苦地割了草去喂他，你倒真是付出了，但却没有想过狮子是不吃草的，给人家不需要的，却指望人家不但接受，并且要承诺愿意满足你的被保护的需求。可男人也自视甚高，心里有什么想法都不愿意与自己身边的爱人说，觉得女人的无理取闹是不需要指点就能改的，直到有一天，再也无法忍受……

有个35岁的女人诉苦说，她和大学同学结了婚，由于丈夫找工作困难重重，所以在刚开始的时候，她供他读书，家庭一切开销及家务全部是她操持的。后来，丈夫考上了研究生，在上海找到了如意的工作。经过四年的努力，她也成了公司的中层管理者。但由于丈夫的收入高、工作稳定，所以她去了上海。工作了一段时间后，辞职回家当了全职妈妈。七年后，丈夫事业春风得意，也有了红颜知已，渐渐夜不归宿，后来甚至提出了离婚的要求。她很不甘心，觉得“滴水之恩当涌泉相报，我为你付出那么多，牺牲那么多，现在竟然要抛弃我？”不料男人振振有词地说：“我拿刀逼你供我读书了吗？是我拿枪要挟你到上海了吗？这还不都是你自己的选择吗？你不是小孩子，要为自己的选择承担后果！”于是，这个女人崩溃了，痛恨自己，怎么如此有眼无珠呢？

假如他们的生活因为丈夫事业的进步而逐步改善，两人过着浪漫而富足的日子，她一定不会觉得自己对他的支持和让步是不值得的。又假如她预知他发达后会嫌弃她，她还会支持他求学和工作吗？假如她没有支持他，而是大家换位，他让步，他全力支持她追求事业，而她也取得了非常了不起的成绩，成天面对一个和自己没有精神交集的丈夫，她会满意自己的婚姻吗？

一个人事业上取得成绩，诚然有他人支持和鼓励的因素，但根本上，还是在于他自身的努力。一个家境、事业普通的女性的安逸生活是丈夫事业成功、婚姻关系稳定的必然结果，这之间有因果联系。但男人事业的蒸蒸日上与保持对全职太太的忠诚，却没有什么因果关系。追究婚姻中各自的付出，就是把婚姻当作了一种投资——投入自己的时间、青春、耐心、事业心及发展机会，来换取丈夫的成功，可是却没换来他自始至终的忠诚，于是，她认为自己赔本了，因而愤愤不平。可是，既然是投资，就会有赔有赚，只许赚不许赔的投资还没有出现过。一个成年人，结婚自愿、辞职自愿，当全职妈妈也是出于自愿——凭什么要别人为你的自愿负责？

常有女人这样抱怨："我为他牺牲了这么多，到头来他却背叛了我！""我为他牺牲了自己的事业，熬成黄脸婆，他却不要我了！""我为他得罪家人，疏远朋友，全副心思都放在他和孩子身上，到现在他却嫌弃我！"这些话里都有一个共同的短语——"我为他牺牲"，似乎只有女性的"牺牲"，才换来男人的成功，因此，会觉得如果男人不想和你分享他的成功、他的生活、他的感情，他就对不起你。其实，从逻辑关系上来说，一个人的"牺牲"并不是另一个人成功的唯一条件，甚至也不具备直接的因果关系，真正决定一个人能否有所成就的是自身智慧和努力。不然，单身汉岂不是永无出头之日？因为没有老婆为他做牺牲啊！

当初自愿的选择，现在贴上"牺牲"的标签，无论是对"付出者"还是"享受者"，都是一种负担。"付出者"需要继续强化一贯的付出，才能以维持自己善良无辜的地位，即使自己已经不堪重负，也不能改变，否则就显得前后矛盾、言行不一。越是这样，“付出者”内心积累的负面情绪就越强烈，对对方的表现就会抱更高的期望。有时因为一点琐事摩擦，“付出者”的内心就会失去平衡，而对两人的关系产生强烈的质疑和绝望感。

婚恋专家苗汶老师如是说：作为外人眼里的“享受者”，承受的压力并不比“付出者”少。因为对方早已将他个人的成功，当作这个家庭改善经济处境和社会地位的唯一出路，暗含着把她们婚姻关系的前景都系在他一个人的努力与责任心上。本来两个人的事，现在一个人做，压力可想而知。如果他幸运地成功，而且双方感情没有发生变化，当然皆大欢喜。倘若有一点差池，妻子只会睁着无辜的大眼睛质问男人的良心，男人只要一辩解，就招来更多的眼泪和抱怨，这种处境没有男人会喜欢。夫妻之间，本无血缘关系，最好的纽带是彼此的喜爱和眷恋。没有感情，再多的责任和义务都是乏味的。当年美丽温柔的妻子，如今变成讨债的黄世仁，爱没有了，婚姻还要勉强维持，早知今日何必当初?

其实你没有参与人家生活的时候，人家照样活得好好的，还比现在更自由。明明是自己没有平等观念，不想承担属于自己的责任，却以爱的和牺牲的名义，去绑架别人，强迫别人满足自己的期待。当你把人生需要交给别人去满足时，就注定了只会收获失望。

所以，人，尤其是女人，一定要有工作。当然这份工作不一定非得是某种8小时坐班式的工作，只要它能让你经济和精神独立就行。可惜的是，很多女性被软弱操控了自己，不愿意承担要生存下去所必须承担的责任。要生存，就要去战斗、去努力，但很多女人太想当永远的小孩子，一辈子想让别人保护，想靠别人存活——小时靠父母，长大靠伴侣，老了靠小孩。但我们毕竟不是小孩子，必须有独立的能力。

就是因为拒绝长大，我们才用尽了各种方法索要别人的爱，把自己对他人的照顾当成爱，却不肯接受自己付出照顾是为了换得另一方的等值回报的事实，而于我们来说，所谓的等值回报的事实。仅仅特指合乎我们预期的回报。花了十块钱得到十块钱的回报，但内心的期待却是一百块，我们就会觉得不等值。当一种付出得到的回报让人感觉特别值时，基本意味着大赚了一把。所以，我们常常听到这样的慨叹：这套房子买得真值，当初才二十几万，现在得二百多万了；当初这股入得真值，以为拿点闲钱投资，只要比存银行强就好，现在每年的分红都超过本金了；当初这件青铜器买得真值，当时当破烂收回来的东西，现在竟然价值连城……这些自以为是的等值回报思想，根本是以小博大、以少胜多的赌徒思想，而不是所谓的爱。

真正的爱的付出，是给别人需要的东西。如果你付出的东西人家不在乎甚至根本不想要，自己还不开心时，就要停下来，思考自己的动机。但是偏偏有很多人明明内心十分不满，却仍然要去“付出”，为什么？因为我们害怕他生气，害怕他离开，害怕他对我们更糟，我们害怕独自生存，害怕没有人依赖。这不是爱，而是恐惧。停下来，承认自己不成熟。不成熟的人照顾自己精力都不够，哪有精力照顾别人？还是把时间和精力拿来给自己吧！

独立生活，是成长的最快捷径。如果连自己都应付不了，那更应付不了两个人的关系，就别指望结婚会幸福了。独立生活，才能创造爱自己的学习条件，因为你自然把所有的精力和时间给了自己。即使痛苦，仍能控制自己的手脚，吃喝睡觉，即使睡不着，起码也知道往床上爬。只要还没死，痛苦就没把你毁掉，距离成熟就近了一步。甚至哪怕只是带着痛苦，每生活一分钟，就战胜了痛苦一分钟。其实，唯一自始至终地陪伴着我们的是孤独，与其两个人寂寞，不如一个人孤独。

独立生活，意味着我们必须拥有最基本的经济保障，而大多数人的经济保障，只能通过工作去获得。所以，女人一定要有自己的工作，聪明的女人不会一辈子当全职主妇，因为她懂得独立的经济来源是维护自我尊严的必要条件。有自己的工作，才会有尊严。经济上的相对独立，是男女平等相处的基础。

但是，每一种工作都有它的琐碎与纠结，如果我们发现不了工资之外的工作价值，就会非常讨厌自己的工作。正如我在前面说过的那样，为了一点钱去做自己认为没有价值的事，心灵会觉得非常痛苦，因为我们沦为了金钱的奴隶。所以不要因为贪图轻松、报酬高或工作听上去很美而去做自己根本不喜欢的工作，如果有一份工作，你从事了一年以后都没有发现工资之外的价值，那我建议你放弃。只要你愿意降低其他标准，重新找一个能糊口的工作并不难，然后，去感受、去发现它是否能让你找到价值。人生并不是只有一种活法，一开始拥有自己喜欢的工作并且坚持下去固然是一种幸福，但谁说换工作就说明你性格不好？世界上最好的销售员乔·吉拉德干了四十多种工作，才终于找到能充分发挥自己优势的职业。所以，不要害怕变故，不要害怕去努力。

我非常喜欢一部名叫《入殓师》的日本电影，因为它很明确地诠释了工作的价值。主人公的名字叫大悟，很有意思，大约有参透生死的意思吧！大悟这个角色的性格和成长经历，其实是某类大众生活的典型：出身贫穷，有非常爱自己的父母，他喜欢拉大提琴，每当父母有空的时候，便会听他从笨拙到灵巧的演奏。如果岁月静好、现世安稳的话，他可以在大提琴的陪伴下，度过幸福的童年。但是，无论是因为生活本身充满了变数，还是因为电影需要波折，总之，他的父亲和自己咖啡馆里的女服务员私奔了，从此，家里只剩下他与母亲相依为命。

后来，他长大成人了，为了生活，他离开了自己的家乡，以至于母亲去世的葬礼，他都错过了。可惜的是，好不容易进入的演奏乐队，在四个月后解散了。他那么钟爱音乐，那么钟爱大提琴，他的理想仅仅就是做一个有一把好琴的大提琴师。由于负担不起昂贵的大提琴贷款，由于自己必须要活下去，他挣扎了很久，决定放弃自己的理想，卖掉自己的大提琴。在这里，出现了一个很有意思的片断：在卖掉大提琴，掐死自己的理想时，他竟然如释重负，既而置疑起自己曾经的理想是不是真的理想来。

随后，他带着自己的爱人，回到了乡下。这里没有大都市的繁华，但也没有大都市的生存压力。至少，自己有母亲留给自己的房子，随便找个工作都能糊口。一天，他在看招聘广告时，发现了一个待遇很高的旅行社在招聘，但所招聘的职位却没有说明。他满心疑问，又禁不起高薪的诱惑，在老婆的鼓励下，决定一探究竟。

他找到了那个地方，只有一个女人在。女人很奇怪：这个人都不知道要做什么就来了。他问她，这里是不是旅行社？女人没有回答，只是说等社长回来再说。更让他奇怪的是，他把自己精心准备的简历恭敬地递给社长审查时，社长看都没看一眼就扔一边，直接说："就是你了，由于你是新人，第一个月的工资是一个巴掌。"大悟不解："五万？"社长摇了摇头："五十万，工资可以日结。"大悟更奇怪了："怎么这么多钱？这里是旅行社吗？"社长想了想说："准确地说，是送人一程。"说着就给了大悟当日的工资，大悟就更奇怪了，费了老大的劲，才明白自己要干的事是入殓师。

他很挣扎，这个行业是个被人看不起的行业，不仅脏、累，而且成天接触的都是死人，但他又很需要钱，只好勉强自己去上班。社长也知道他的挣扎，宽容地告诉他，他可以先干着，真觉得不行了再离职也不迟。就这样，他成了一名入殓师。悲剧的是，他第一次接触的死人是个已经死了两周的老太太，屋子里很多东西都腐烂了，老人的尸体也有了一定程度的腐烂，看到真实的腐烂死尸，他终于没能控制住人类对死亡的厌恶本能，吐了。那一天，看见肉类食物——老婆为他准备的鸡肉，他再次吐了。由于害怕身上有死人的味道，每天下班后，大悟都要去澡堂狠狠地清洗自己。一个人泡在水中，一边思念母亲，一边哭泣。

但当他发现，社长温柔地给每一个死者擦洗、化妆，让他们以自己最美好、最想要的方式离开世界时，他感觉到了一种属于人性渴望的东西——他又想起了自己的妈妈，不知道在她与世长辞后，有没得到过如此温柔的对待，如此严肃的礼敬。生活如此粗暴，但愿她也曾被温柔地对待过。当他为一个一心想做女人的男青年化上漂亮的女人妆时，家人的感激涕零让他发现了自己工作的价值：让每一个死者以自己最想要的、最完美的形象告别家人，告别这个世界。让每一个死者的亲人，看见自己生命中的重要的人，被一双温柔的手打理得整齐而光鲜，再送他们踏上另一条旅程，这是对生命的尊重，对死者家人的尊重。他爱上了这份工作，他享受那个恭敬打理死者的过程，享受被家人感恩的过程，享受自己对生命奉上礼敬的过程。

这是一部有着浓浓哲思意味的片子，有这样两处看似不相关的场景，第一处，由于他排斥这份工作，所以有一天迟到了5分钟，死者家人很生气地说："你们是吃死人饭的，竟然还迟到……"另一处，是社长在公司的楼上和大悟吃河豚的鱼白时的对话，那是他再次申请离职的时候——虽然他不想让别人知道自己的职业，百般隐瞒，但是，该死的宣传片还是把他的职业曝光了，于是，乡邻们远离，老婆嫌脏，为了留住已经怀孕的老婆，他只好选择这样——社长说："我老婆5年前死了，夫妻总有一天会因为死亡而分别，被留下的人是很痛苦的。我能做的是把她弄得漂漂亮亮的，再把她送走。她是我的第一个客人，她死后我就开始做这份工作。生物吃着其他生物才能生存下去对吧？我们其实一直在吃尸体。它们倒是不同，不想死的话就得吃，要吃，就要吃好的。”他见大悟为鱼白的美味而惊讶时，他问道：“好吃吧？好吃得让人纠结……”

他最终选择了留下，而不是离开。他在完成的，不仅仅是一项工作，更是一项人生的使命。当然，这还是一个很温情的片子，由于澡堂阿姨离世，老婆亲自感受到了他作为入殓师的重要和神圣时，她感动并接受了丈夫的工作。在他为抛弃自己的父亲入殓时，她甚至自豪地说：“我丈夫是入殓师。”

当然，他并没有放弃对音乐的爱好，只是当初，在他以为的这个理想工作中，他并没有发现自己的价值，当所谓的理想既不能让我们享受价值成就，又不能解决基本需求时，这样的理想就只能作为一种心灵的放松品和生活的点缀。

而那个一直在澡堂洗了五十多年澡的殡葬员老爷爷说：“死可能是一道门，逝去并不是终结，而是超越，就像一道门一样，作为看门人，我在这里送走了很多人，总说：路上小心，总会再见的。”连殡葬员的工作，都可以如此有意义，没什么工作是完全没有价值的。我们要做的，是去发现！只有能让我们享受价值感的工作，才是值得我们去做的。不要因为别人的眼光，而勉强自己做不喜欢的事，放弃自己喜欢的事。

相信我，你所需要的一切，都会因为能从事你心爱的工作，从事你认为有价值，让你有使命感的工作而得到。而能安放我们灵魂的，也是让我们能收获工资以外的价值的工作，而不是什么伴侣、孩子或亲人。

别让被迫害妄想症害了你

> 恐：从心，巩声。巩有坚固的意思，也有变革的意思。巩中的工是甲骨文字形，象工匠的曲尺。既是曲尺，便能度量。我们每个人都是以自身感觉为尺度在衡量这个世界。凡字代表所有，即任何时间，任何对象。我们无论何时何地都在度量利害得失，这颗时时审思度量的心自然深怀恐惧。

究竟是什么，让那些追求幸福快乐的人每天一大早醒来完全没有冲劲，无可奈何地起床，然后做他们不得不做的事情？

我和一个想学习写稿的作者聊天，开始，她还很配合，说会根据出版公司的要求来写稿子。但一谈到利益问题，她的心灵困境就暴露了。她不停地问我公司可靠不可靠，稿费什么时候结算，怎么结算，会不会跑单。天啊，我被她弄崩溃了，这简直是被迫害妄想症患者——看官要小心了，市场上大多数通俗心理学读物都是有心理疾病的人写的。

很多人可以说是精神残废，不是侵害别人，就是被别人侵害，所以搞得每个人都有被迫害妄想症。这点我理解，毕竟自保是动物的本能，但我们不能滥用被迫害妄想症。

滥用被迫害妄想症会产生一个巨大的问题：短视。我们会终日深陷在眼前那点利益的计较上，而不是长远的考量上。当然，短视也是一种自保本能，因为我们知道，时间因素可以导致任何变故，时间拖得越长我们就越没有信心，所以我们会短视，选择更可靠的获得，而不是看上去更多更好但更有风险性的获得。这在一定程度上其实是很好的策略，可以避免我们被遥远的幻象欺骗。但如果滥用这一本能，那我们就很难与人进行正常的交往。

由于中国人非常缺乏契约精神，加之违约成本低，所以很多人动不动就违约。由于没有契约精神，所以我们不敢轻易付出，做任何交易都非常依赖对方的道德和良心，但道德和良心又是最不靠谱的东西，依赖不靠谱的东西自然非常缺乏安全感，于是，在恐惧心理作用下，产生了各种精神病和神经病。

也由于恐惧心理作祟，所以有了好事不出门、坏事传千里的现象。人们为什么爱听坏事，因为我们对死亡等各种不利变化有着本能的恐惧，所以对各种坏事有警惕心，好奇这些坏事产生的原因和过程——其实是想从中寻找解释办法，虽然多数时候不了了之。天道杀人不露痕迹，在于人总是把恐惧变成乐趣，而忘记了那本来是用来保命的本能反应。

虽然世道很艰难，每个人都要努力保护好自己，但人与人之间，至少还有基本的交往之道，要知道，只有邪不胜正的社会才会产生发展，所以，我们这个社会只要还存在，就是以正义为主的。但是有的人偏偏一丁点损失都受不起，所以轻易不肯付出，不敢付出。又因为没有平等观念和契约精神，并且我们从小受的教育不是对等的交易，而是一方根据自己的主观意愿付出，另一方根据主观意愿接受。加上父母们不懂得教育孩子，每一种得到都要付出相应的代价，我们习惯了父母和家人的主动付出，不能适应需要自己也努力付出才会有收获的社会规则，所以，我们不愿意努力提升自己的能力，却幻想一踏出校门就干上位高权重活少钱多的工作。

由于教育与社会需求脱轨，一帮好逸恶劳、眼高手低的穷困大学生并不知道自己什么都不会，什么也不是，当现实的琐碎向我们展示它的真面目时，他们就崩溃了，因为从小就养成的心理模式和行为模式使他们根本接受不了这一现实。

骨子里的安全感匮乏导致绝大多数人终其一生的模糊目标是挣到足够多的钱。但要挣多少钱，怎么挣，需要自己付出什么努力，他们却是没有概念的，更不要说去探寻人生意义了。他们只能很被动地根据自以为是的高待遇去判断自己要做什么。可以说，他们唯一的目标是让自己得到钱后，满足那些看上去很美好的欲望。他们这辈子最在乎的永远是“我能得到什么”，而不是“我能做什么”。所以终其一生都被被迫害妄想症所困扰。

被迫害妄想症使得我们只关注金钱上的利益得失，没有真正的人生目标，所以总是看着别人的好日子，过着自己的苦日子，希望过上别人的好日子，却永远过着自己的苦日子。大清早无可奈何地被闹钟吵醒，在困倦中起床，茫然地朝办公室走去。完成考勤要求后，浑浑噩噩的一天又开始了；琐碎无聊的一天又开始了；被奴役的一天又开始了；慨叹理想很丰满现实很骨感全世界都亏欠你的一天又开始了；渴望早点下班的一天又开始了……

被迫害妄想症患者的人生没有方向，所以把追求金钱安全感当作目标。我对那个作者说，你定位错误，你没有目标，你并不知道自己要什么。她答道："我要心灵与物质的双重满足……"看到这句话我直接吼了："这就是你的目标？瞎扯吧你！谁的目标不是这个？谁又是靠别人实现了这个目标的？没有方向，没有方法，没有步骤的目标叫瞎想，叫妄想。你根本不知道自己如何到达这个目标！而且你这样的行为连对别人最基本的尊重都没有，超市尚且把产品展示在那儿才会定价，你什么都没有就要我承诺怎么给你付钱？能触动你灵魂的难道只有别人给你的安全保障，而不是如何提升自己的能力使得别人不敢害你？别人没有义务保护你，唯一能保护你的是你自己，唯一有义务保护你的也是你自己！"她愣了，也许，她没想到我会如此尖刻地批评她，也许，她终于发现了问题所在吧！

被迫害妄想症患者有一颗患得患失的玻璃心，他们活在别人的眼睛里，活在别人的嘴巴上，别人的一个眼神，一句无意或故意逞能所说的话，都能激起他们巨大的情绪起伏。他们会假定别人正在议论自己，觉得别人在说自己的坏话，凡是他们没有听到的内容，他们都紧张不安。

其实他们不知道，人家根本不关心他们。偶然说到他们也只是谈资罢了，无论是笑话还是批评他们，都只是为笑话而笑话，为批判而批判，和他们本身根本没有关系，但他们却会把这些当成对自己的伤害。他们一味强调自己的受害感，一味觉得他们需要的幸福都是与众不同的。一颗恐惧的心就是一个黑洞，连光都无法逃逸。

我们过着的每一天，

都是余生中最美好，

最年轻的一天。

他们成天给自己树敌。我想说，没事别给自己找那么多敌人好吗？所有人的终极目标其实都是一样的，即获得精神和肉体的双重满足，而不是为了找个谁当敌人。我们要用有限的时间、货币去换取最多的幸福，无论我们的幸福是来自内在的还是外在的，也无论这种幸福感是来自精神的还是肉体的。但是，这对绝大部分人来说，无疑都太难了。或许我们偶尔有过一些快乐和幸福，但它们总是稍纵即逝。

每一种需求被满足后的快乐很快就会失去，即使我们最喜欢的东西、最心爱的人带给我们的幸福感觉也呈边际效应递减规律，比如一个饥饿的人吃到的第一个包子是最香、最好吃的，第二个也还不错，第三个也行，如果吃四个就能饱的话，吃第五个就开始难受了。从刚吃饱到再有饥饿感之间的那段时间，我们需要寻找别的满足来打发。

尼采说：“人生的剧本，不是父母续集，亦非子女前传，更非朋友外篇。对待生命不妨大胆冒险一点，因为终究要失去它。如这世上真有奇迹，那只是努力的另一个名字。生命中最难的阶段不是没人懂你，而是你不懂自己。”

我们是聪明的动物，这个时候，如果我们没有目标，又为无聊或生计所困，就只能很被动地去上班，用出卖一段时间来换取生命在逐渐的衰老中延续的必需品。如果所得的薪酬不足以满足自己的内心期待，我们就会有被奴役的感觉。但如果不需要为生计发愁，便会寻找刺激，而这必然使我们走向堕落，这也是富二代也许还勉强，富三代则基本垮掉的主要原因。

长期而持久的幸福不能依靠欲求的满足来得到。

很多人之所以把人生过得那么困难，过得那么不知道如何下手，最大的原因就是他们把幸福定义为欲望的满足。如果人生幸福方程的正确答案真的是欲望的满足，那么我们将永远不可能得到永恒的幸福。一时的、短暂的欲望满足感，无法让漫漫人生路铺满幸福，即使我们有极大的成功，也只是给这条路增加了些幸福的点缀罢了。那些吊胃口的东西，得不到是折磨，得到了是失落，就像性爱一样，得不到高潮是折磨，高潮后却是深深的失落。有了失落，又会重新寻找刺激，如此循环往复，哪儿会有彻底满足的一天？

所以说，金钱不是人生目标，只是生活必需品。人生目标则是在衣食无忧的情况下还能充满热情和斗志为之持续不断地努力的对象。

成长是一个学会用理性对抗本能和欲望的过程。我们的大脑有很多先天的本能逻辑，比如刚出生的时候，不需要有人教我们，我们也懂得用哭闹等行为来表达自己的需求。这些按逻辑功能处理问题的能力极为有限，但却极为强大，理性在面对它们时，几乎毫无力量。比如，大清早你睡得正香，但闹钟突然响了，你不耐烦地按掉闹钟，心中为“我该起床吗”而挣扎，想着“……睡着挺舒服的，等会儿再起吧，大不了迟到扣十块钱。”如果薪酬普通，工作也不是自己喜欢的，我们就更容易这样沉沦了。结果，不是理性克服了生理欲望，而是生理欲望干掉了理性。

选择困难和欠缺行动力等都是对象价值在我们心中有问题的

表现，如果我们不想这样，就需要把大脑处理每一个选择的过程变得非常简单和正确，而方法就是确定自己的人生目标，制定短期或长期的目标。

为什么确立目标可以让选择变得容易？因为目标能把我们那个不知道是什么进制的大脑逻辑简化成二进制。假如我们的长期目标是挣够五百万，短期目标是月薪过万（当然，这只是一个说法，还是那句话，金钱只是我们努力的报酬之一,千万不要拿金钱当人生目标），那么，我们每天早上的起床的心理活动就会成为：“要再睡会儿吗？”“……继续睡下去能帮助我在三年内实现月薪过万的目标吗？”“可是我昨晚玩游戏睡得很晚呢……”“玩游戏晚睡能帮我在三年内实现月薪过万的目标吗？”“很明显不能，起床！”

其他事情也一样：“我要学习吗？”“不学习我就能月薪过万吗？”“不能，那么学习吧！”“我工作要主动吗？”“我不主动就能月薪过万吗？”“不能，自动自发，别人才会看到我的价值，给我承担更多的责任。所以我还是主动点吧！”

如此一来，当我们发现自己有了人生目标，目标的实现过程变得那么清楚时，我们的理性就会强大很多。实现一个低级目标的过程，会提升我们实现高级目标的能力，所以，我们不必害怕自己付出了，但没有得到相应的金钱报酬，因为你有实力就会有财富，哪怕一时遇上小人之类的困扰也都根本不重要了。

所以，请被迫害妄想症患者不要再去依赖不靠谱的本能选择了，给自己定一个长期目标，然后把长期目标分解成多个短期目标，再为每一个短期目标制定实现策略，那么，我们就会发现，如果自己清楚自己将来要走的路，便会积极主动得多。

千万不要滥用被迫害妄想症，因为我们往往会验证自己的感觉，越是相信一种信念，那种信念所产生的结果会更加让我们相信自己的信念。被迫害妄想症患者的不敢承担，会使得别人不愿意交付重任，被迫害妄想症患者的不愿意付出，会使得世间的每一个人和他们打交道的时候，首先要防备他们的不肯付出，只有看到了他们的付出，别人才愿意如实回报。如此一来，他们会发现，自己越是小心翼翼，越是会被提防；越是不愿付出，越是没有回报……似乎每一个人都会为了占便宜而害他们，结果他们真的被处处迫害了。

而一个心理健康、乐观豁达、愿意付出的人，虽然偶尔确实会被伤害，但人们更多的是选择了信任。我的一个朋友就是这样的人。当时，她刚毕业，一时找不到工作，只好当兼职写手。一天，一个人请她写经济学的硕士论文，她答应了，花了整整两个月时间，才无师自通地弄明白了经济学常识，并且也琢磨出了自己的一些东西。那人收到稿子，很是满意，但却一直没有支付他承诺的稿费。她也没好意思要，觉得反正自己还可以继续写稿。有人请她免费写书评，她只要不是特别忙，一般也会同意，并且不拖延。有意思的是，由于有的书评写得不错，发表在报上，竟然感动了好几位作者。他们千方百计地联系上了她，得知她没有工作后，有好几个人自告奋勇地帮她联系工作，由于其中一个作者的大力帮助，没过多久，她就有了一份稳定的工作。再后来，那个找她写论文的人进了某家大公司的管理层，竟然回头联系她，愿意给她介绍一份薪水更高、更轻松的工作。

有些工作，看上去没有预期中的金钱回报，但是，你工作的成果却不会辜负你的努力。等待天上掉馅饼的人，永远都不会有努力付出的人那么幸运。因为别人看你的时候，不是看你得到了什么，而是看你付出了什么，以及你付出的态度和能力。

在我们什么都不是的时候，被迫害妄想症只会裹胁着我们，让我们止步不前。所以放下恐惧吧，别让被迫害妄想症害了你。

原谅用爱来伤害你的至亲

> 谅：从言，京声。本义是诚实；在象形字中，舌字下面加一横就是言，表示话是由舌来说。京像筑起的高丘的形状，引申为重要、高大。谅的前提是我们必须重视自己说的话，要说实话，别人才会体谅。原谅即是说，如果一个人的行为或语言是诚实、有情可原的，我们便可以体谅。

张惠妹的《最爱的人伤我最深》中有这样一句歌词：“相遇在这感伤的城，我最深爱的人，伤我却是最深……”

虽然这是一首情歌，但用来形容普通的人际关系也并无不妥。真正给我们造成重大伤害的人，往往是我们深爱也深爱我们的人，尤其是我们的父母。但在提倡孝悌的中国，家庭和睦的人家并不多，大约验证了那句话：越是提倡什么，越是缺少什么。

组成整个身心状态的元素有先天禀赋、父母的遗传、家庭生活习惯、社会风气、受教育程度及我们在生活中的具体经历。至关重要的学习阶段在0–6岁，在这个阶段，我们最重要的思维模式、情感反应模式和价值观等都已经形成，而这些东西构建了我们的整个心灵系统，一旦形成，就很难再去改变。

我想解释两个大家可能已明白的词：一个叫习得，一个叫模仿。习得包含的意思太多了，孩子会移植最初接受到的信息，根据自己的感受去判断这种反应是正确的还是错误的，然后，大脑会根据这一反应，作下记号，标记三次以上，大脑就会把这类反应归类——你们知道最懒的是什么吗？是大脑！它总想通过一种直接模式来解决一切问题，而这些直接模式，就形成了我们的习惯。

大脑是人体中最懒的器官，偏偏它又是任务最多的器官，所以它会一味地选择通过建立一种模式来解决一系列问题。它创造了归因论，凡是现象相似的问题，它便力图用一种对应的模式来解决，我们常见的大脑懒惰行为之一便是条件反射。某一种刺激重复出现数次后，它便会自动建立一系列经验并存起来：电棍——电击——痛——恐惧——逃避痛选择一种行为——跑，经过几次重复之后，大脑一看见输入的信息是电棍就害怕，就指挥人跑。即使电棍本身与逃跑毫无因果关系，但大脑只会把表面上曾经有过联系的对象关联起来，且它对电棍产生的攻击感觉没有应对之法，于是便选择了躲避。

由于大脑的任务太复杂，所以，它一旦建立某种行为模式，就懒得再去改变，而希望这一种模式能一劳永逸地解决问题。除非有新的刺激使它发现自己的本能局限，否则，它根本就是一个不思进取的器官。我们之所有会有模仿本能，是因为我们的大脑在潜意识中认为，其他同类人的行为是经过一系列的感受后进行的正确选择，既然已经有人进行过了试验，我们何必还白费劲呢？这种简单的归因论看起来非常可笑。

从刚出生到6岁以前，大脑拼命记忆、模仿，构建自己对世界的认知体系，而这个体系，就是我们的心灵机制系统。到了6岁时，我们的心灵机制已经是一个完整的系统了。这个系统执行着一系列无比庞杂的程序，它有着自己固定的运行轨迹和强大的惯性，任何重大改变都必须是对整个心灵机制系统起作用的改变，否则一时的触动或改变，只会是短暂的刺激反应，用不了多久，我们就会重新回到日常的惯性中去了。就像自西向东转的地球偶尔会被陨石砸一下，地球顶多局部抖动一阵，一点不会发生运行的速度和轨迹的改变。这就是为什么我们虽然总是不断犯错，不断受伤，也不断下决心改变自己，可就是很难坚持去改变的原因。

心理学家弗洛伊德提出了童年创伤论，比如在幼年遭遇到父母的粗暴对待，会迫使孩子选择能适应这种环境的生活方式，如畏缩、内化等逃避手段。同样的环境并不一定导致相同的生活风格，不同的人可能选择不同的生活风格，他们的选择或许是好的，或许是坏的，选择由这个人自己做出。人是有选择天赋的，恶劣的环境并不一定导致悲惨的命运，在人生的不同时期是否做出了正确的选择，才是决定一个人能否成功的关键。

就像孩子在面对父母的暴力时，他可以选择将伤害转嫁给别人，比如挨打后找更弱小的孩子出气，从而形成攻击型的性格；可能在心灵深处给自己构建一个安全的虚拟环境，形成自闭内向的性格；可能用示弱的方式减少伤害，于是形成唯唯诺诺恐惧外界的依赖型性格。不管是哪种方式，对那个受父母暴力的孩子来说，这样的方式就是保护自己的最合适方式，而他之所以选择这种方式，则是由他大脑中已经形成的固有反应决定的。

由于我们心灵的运行机制是经过一系列庞杂的经历而建立的，所以心灵机制很难自动发现问题。只有突然、重大，能把整个心灵机制惯性打破的事件，才有可能促使我们反思自己的认知模式在哪些地方出了问题。所以我们中的很多人，以在原生家庭中形成的性格度过了一生，只有极少数人因为发现了自身问题而努力寻求改变，更少的人则改变成功了。

我们常常把一个人的缺点归因于他本身，所以很多所谓的心理学和成功学只能简单地告诉你说：“你太自卑，太爱抱怨，自信一点，你会发现自己的潜能。停止抱怨，你会发现自己很招人喜欢……”难道你不知道自己自卑吗？难道你不觉得你喜欢抱怨吗？他们以为告诉你一个看似可行的办法，你照着做了，就能改变现状。他们不知道，这些办法你知道，但就是做不到。他们搞笑地给你提供很多诸如倾诉啊，写人生规划啊，不要计较要学会放下啊，只要努力就会有回报啊之类简单粗暴的方法或用打鸡血的方法来忽悠你，完全不考虑你做不做得到。他们会像模像样地给你安上各种专业术语：你有童年创伤啊，让父母多关爱你；你有抑郁症啊，让家人多陪你；你失眠啊，焦虑啊，多跟家人倾诉；晚上几点后尽量不去思考……

有用吗？一点用也没有。因为他们也不知道，各种心理疾病不能简单地归因于某一个人或某一种创伤，也不能简单地归因于为家庭伤害，虽然家庭在伤害上起到了最大化的作用，但真正的伤害是，我们不知道施加给我们伤害的家人自己也是受伤者。我们把自己遭遇的一切伤害，都看成是他人的恶意为之，所以才那么难以原谅伤害我们的人。我们只有彻底明白，伤害我们的人自己没有能力发现问题，相信那些施加给我们的伤害，只是因为他们不能正确认知问题而产生的不正确反应，才能慢慢去试着观察自己的受伤反应是否有错，要怎么改变自己。

所以很多人终其一生都在怨恨家人，家庭不和睦的父母最容易被孩子怨恨，我们不是恨他们的分离造成的社会性痛苦，就是恨他们直接施加给我们的精神和肉体伤害，我们甚至会憎恶自己的出身。为什么别人的父母能为孩子提供幸福生活，能为孩子解决工作问题，能给孩子买房买车，而我们的父母就不能？各种通过攀比暴露的现实困境，都可能激发我们憎恶父母的情绪。

曾经有好长一段时间，我非常恨我的父母。

——我恨父亲暴躁凶残，在我胳膊被摔断时，不是带我去看医生，而是逼我跪着，然后扇我耳光。在我的脚被烧红的烙铁烫伤时，不是在听我倾诉后给我找药，而是指责我光想找借口偷懒。在我被学校同学诬陷而遭老师侮辱人格时，不是安抚我受伤的心，而是挖苦我懦弱。哪怕是因为我给他打酒而在夜里摔倒在碎玻璃上，左眼差点瞎掉，他也依然无动于衷，觉得我小题大做了。

——我恨我的母亲动不动就与父亲打架，让我们三姐弟常常只能用半边碗吃东西。我恨她说话声调急躁高亢，任何一丁点儿事都能引发她暴戾的责骂，这使得我对安静有着变态的需求，我非常讨厌有人在身边说话。有那么一段时间，身边的电话铃声简直是我的梦魇，偏又常有电话进来，铃声的每一次响起，都会吓得我打哆嗦。搞得身边同事很郁闷，我以为铃声也吓着他了，不料他说：“不是铃声吓着我了，是你的反应吓着我了。”虽然现在没有这么夸张的声音恐惧症了，但依然非常讨厌有人突然找我说什么。

——我尤其恨我母亲动不动就说这家女儿嫁了有钱人，那家人嫁女儿得了多少礼金。但我思想上却接受了这些观点，认为要嫁有钱人，要给家里很多礼金才能证明自己有价值。我并不觉得这些是错的，只是母亲说话的口气让我感觉她强烈渴望通过女儿嫁人改变家庭困境，而且她总想证明我们应该比别人嫁得更好，所以口气中流露出来的意思是你别不如人家啊！于是，我从此顶着一张毁容的脸，拖着高度不足155厘米的身子，奔走在寻找有钱人的路上！可惜，我以为我需要的是钱，我真正寻找的却是被爱。父母之间没有爱，父母对我也没有爱，所以，我最终跟一个穷屌丝恋爱了，一切我内心最渴望的东西：被呵护，被宠爱，被纵容，被尊重等，都在他那儿得到了，我这时才感觉到作为一个人究竟需要什么，原来之前过的都是禽兽般的日子啊！

由于家里死命挑剔，我更加恨我父母了。虽然在他们的努力下，我最终离开了那个在他们看来无能的穷屌丝，我也怨恨过他的无能害我不能和他被父母接受，但是我心里，对他是永远的感恩，因为他让我相信，自己是可以享受被爱的。所以无论以前、现在还是未来，我都不会说他任何不是，也拒绝父母和家人说他任何不是。

——对父母恨到极点的是，我和妹妹都努力让他们过上好日子，因为我们以为他们成天吵架是因为缺少钱。但现在不缺钱了，大房子盖上，生活宽松了，他们依然不和。每次打电话依然是拿我们两姐妹与村里其他人比，然后得出我们比不上谁谁谁的。这一次我彻底怒了，在愤怒中给他们写了一封长信，为了最大程度地刺伤他们，我用了世间最恶毒的语言，指责他们不配为人父母，不是正确指导孩子面对人生困境，而是把孩子当成出气筒；不是告诉孩子每一种收获都需要对等的付出，而是灌输嫁个有钱人之类的不劳而获的思想；不是支持我们提升自己，我们每前进一步都要被他们后拖十步，别人挣了钱可以给自己充电，我们发了工资却只能寄给他们，满足他们的虚荣心；我指责他们灌输给我们男尊女卑思想；指责他们给我们灌输赌徒思想，害得我们在初入社会时不是努力付出，而是被动地等待天上的馅饼寻找我们。

也是这次愤怒让我彻底明白了自己究竟哪儿有问题。我看到了自己最根本的错误：不劳而获的思想、赌徒思想以及依赖思想。这些都是他们灌输到我们潜意识里的东西，如果不是这一次发怒，我可能永远不会知道我有这些思想。他们不仅在肉体上不断摧残我的成长，还把我弄成了一个精神残废。所以，这一阵我是最恨他们的，虽然这时我努力想原谅他们，但是真的没办法从心里原谅，我只能在表面上不计较罢了。我不知道我不原谅的根源，是我不相信他们对子女有爱。

后来，看了BBC的一系列关于动物的影片后，我慢慢有点感慨父母之爱。再后来看到《最后的狮子》中的母狮，为了保护孩子，四处流亡，被狮群欺负，被鬣狗抢夺食物，被野牛王袭击。在种种苦难中，她的三个孩子，有一个被淹死，一个被踩死，即使这样，她都没有放弃寻找第三个孩子的想法。终于，她征服了狮群，也看到了自己的第三个孩子。公牛群向她的孩子走去，为了保护这最后的血脉，她竟敢悍然独自对抗整个牛群……妈妈难道没有爱过我吗？在看到我胳膊受伤的第一时间冒着炎炎烈日背我找医生；在我眼睛受伤的夜里四处求药；在冬日里别的母亲都闲着时，给我织毛衣；在我因为过度劳累睡得太死，从凉床上掉进阴沟里也没醒时，是妈妈起身抱我上床的；在我离家出走后，为了找我三天没睡觉，夜夜痛苦近乎失明的也是妈妈啊！她是有一些行为对我造成了伤害，但这不代表她的本意是要伤害我啊！她那么容易发怒，是因为她的期待没有被满足，她一直处于缺少爱与温存，期待一直没有被满足的状态中，所以她那么容易受伤。只是她受制于情感的本能反应，不知道如果自己不抑制自己的受伤反应会伤害我们。她积累了一生的心灵创伤，自己无法处理，周边的人也没有人教她处理，她只是个缺爱和独立人格的可怜的旧式农村妇女啊！她自己也不知道正确的路如何走，又怎么能告诉我们如何走？她甚至都不知道怎么爱我们，把对我们的照顾当成爱，把对我们的期待当成爱……而我却以我现在的境界去指责她只懂攀比，给我们灌输错误的思想！

当我知道母亲的任何情绪反应都只是受伤反应，并且相信她对我们也有着如母狮那般强大的母爱本能后，我彻底原谅了母亲，从心理上原谅了母亲。我知道，传统观念和社会风气让她认为女人一生的命运都被掌握在男人手里，女性要改变命运的唯一一次机会就是嫁人。而她嫁了一个穷人，过着艰苦的生活，所以她非常希望自己的女儿不要再走那条艰苦的老路，她通过简单的经验总结后觉得嫁个有钱人是女人的唯一出路。这些思想深入骨髓，以至于任何一家人嫁女儿都成了她极关心的事，成为她对女儿幸福保障的偏执攀比。她因为跟着我的穷父亲而过得比大部分人都苦，所以殷切地期待自己的女儿比大部分人都幸福，所以她才会异常地去比较男方的彩礼以及家境，希望自己的女儿嫁个比大部分人都富有的人家。在那样一个重男轻女的地方，她还有对女儿的殷殷期待，全心全意地在艰苦中照顾着自己的一儿两女，母爱之深切，于今终于可以体会。她不完美，但足够伟大！

而对于父亲，在经过对他的一系列坎坷人生经历的理解后，我也算是接受了他的性格成因。他根本不具备成家的能力和心态，在社会压力下和我母亲一起组建了家庭。但他的心灵在本质上还是个孩子，虚荣、懦弱又自暴自弃，大约还是爱我们的，只是生计之艰与夫妻不合使得原本就扭曲的心灵更扭曲了。他们相互不理解，也不知道人生之路要如何走，夫妻之间要如何配合，所以才有了这么痛苦的一生。

其实，只要不是天生就变态，无论脾气多么不好的父母都是爱孩子的。只是他们自己不知道受伤后毫无顾忌地表现出情感的本能反应，是对孩子的伤害。他们并不是真的想伤害我们，他们以为自己是为我们好，他们也会理所当然地觉得是自己的孩子，就算不小心成了自己的出气筒，也没太大关系。而且他们觉得孩子什么都不懂，他们习惯于把自己的经验强加给孩子，以使孩子少走弯路，他们不知道路要每个人自己走，父母只需要在适当的时候帮助一把就好。

所以，如果不小心遇上了这样的父母，我们要在心态上把他们当作孩子看待，坦白地告诉他们，受伤有情绪很正常，但不当的情绪发泄会伤害自己和身边的人。我们可以从了解父母的成长环境去了解父母的性格成因，帮助他们疏解自己的困惑。当他们发脾气时，我们不能着急，而是要让父母冷静下来，告诉他们，任何负面情绪都是心灵的自我防卫机制，无论是生气、抱怨、急躁还是妒忌，都是内心期待没被满足导致的。我们可以问清他们期待我们怎么做，也要告诉他们，很多时候，我们并不知道他们有什么期待，也有很多时候，他们的一些期待是不合理的。告诉他们，不是自己有期待，别人就应该满足，每一个人都是独立自主的个体，我们可以相互扶持，但相互扶持却不一定是义务。所以，我们唯一能做的就是，自己去做，不去干涉别人，不因别人没有满足自己的期待而感觉伤心。别人无法代替我们去经历去思考去感受，同样，我们也无法代替别人，所以别人不满足我们的期待是一件再正常不过的事。

我们要告诉他们，不能以主观感受去片面地看待问题。任何形式的期待都是对他人的道德绑架，是一种懒惰的依赖思想的表现，我们只能要求自己做好自己。

要告诉他们，人与人之间是平等的，彼此间只有自愿的相互协作，任何一方不愿意，都并不是过错。如果我们真的这么和父母深入交流过，我们会发现，父母并不会不讲理，当父母向我们敞开自己心扉时，我们会发现，他们和我们一样，有那么多无法释怀、无法被理解的创伤。你会发现，当父母感觉自己得到了你的理解时的那种感动，是你从其他任何地方都无法看到的。

了解父母的经历，了解父母记忆深处最难以忘怀的那些故事，了解他们的价值观，我们就能理解父母的性格成因，就能帮助父母走出错误思维的桎梏。当然，这需要我们付出耐心，付出时间。没有谁的心灵创伤是一两次疏导就能解决的，因为改变思想是一个巨大的工程。但只要我们愿意，一点点去改变，总有一天，你会发现他们那令人惊喜的变化，他们的抱怨越来越少，快乐越来越多，对你的理解和关爱也越来越多。

几乎没有人得到了父母的完美照顾，绝大多数人的童年都会留下父母造成的创伤。但是，只要我们相信他们是爱我们的，曾用最真实的本能守护过我们，那么，我们要学会理解那些人类社会特有的现实对父母心灵造成的扭曲。努力改变自己，原谅他们，并且帮助他们成长。或许，在我们临终做生命总结时，可以自豪地来一句：我帮助父母寻找到了真正的人生幸福。

遇到45度忧伤美

> 傾 倾：从人，从顷。顷亦声。顷，从匕，从页(xié)。匕表示不正，页表示头。这个字表示人的思维是有偏差的。诉，本意指告状或控告。倾诉二字，实则是说一个思维有偏差的人在有事实、有根据地说人坏话，并寻求认同。现在，你还觉得自己的倾诉有理吗？

生活中常常有很多女人，三句话不离自己的男友、老公、工作、生活和孩子，她所有的生活细节，全都会如数家珍地告诉你。虽然说人际交往中不可避免地需要一些废话，但是，有一些人的生活，只有琐碎。她们急切地展示自己，然后拼命向你索要评价——不光得是好评，还得是她们想要的那种好评。如果只是礼貌性地夸她们漂亮，她们表面上会温柔地笑笑，心里却在说：“说得真违心！”更过分一点，心里没准还有：“我需要你拍这个马屁吗？没话找话吧？去你的，别烦我！”除非你发现她们新穿的高跟鞋和白裙子可以使原本精致的她显得清纯而优雅，她们才会心满意足地回问你一句：“真的吗？”唉哟！那种压抑不住存在感，那种无法掩饰的欣喜感，那种自我评价被认同后赤裸裸的满足感，此时基本一览无余了！

每当遇上这样的人，我都会感觉非常无奈。虽然经过社会的历练，经过在工作中成长，我可以说有了一双比较善于发现美的眼睛，所以信手拈来点什么溢美之词问题不大，我也乐意让大家都高兴，只要不过分的表现，我是乐意赞美的。但对遇上什么生活细节和感想，都要找我倾诉的人，我就很郁闷了——那种承担一个人精神世界的感觉真的好累。

爱倾诉自己的人，空间里的照片常常仰成45度角的忧伤求“好漂亮”，“你怎么可以这么美”……但现实是残忍的，45度忧伤美的另一面是一有机会就倾诉“我对他付出了一切，他怎么可以抛弃我！”她们的口头禅是“我为他牺牲了这么多，到头来他却背叛我！”“我为他牺牲了自己的事业，熬成黄脸婆，他却不要我了！”“我为他得罪家人，疏远朋友，全副心思都放在他和孩子身上，到现在他却嫌弃我！”

这些话里都有一个共同的短语——“我为他牺牲”，她们不知道，所谓的“为了什么而付出了那么多”，都不是爱，而是有着等值回报的裹胁。无论她们以为的付出是不是别人真正要的，只要她们为自己的付出设定了一个等值回报的标准，那么，一旦别人没有按照她的标准行事，她们就觉得自己受伤。于是乎，怨女、包子女、草鸡女就产生了。所以，永远不要为了你的爱人或任何人而“牺牲”，除非你能够做到永远不提及，否则，你日后必定要为此付出代价。因为一旦发生争执，你准会不由自主地以“我之前为了你怎样怎样”的话来要挟对方。

爱倾诉的人喜欢把“自愿”选择贴上“牺牲”的标签，她们把两个人的生活前景都系在另一个人的努力与责任心上。本来两

众生能够得到的最大幸运，

只有自身的个性。

个人的事，现在由另外一个人全权负责了，稍有差池，便觉得自己是受害者，于是到处倾诉自己的委屈。

爱倾诉的人喜欢到处表现自己来求评价，秀照片是她们的不二法宝。但是，到处展示照片是一个非常不明智的做法，照片会彻底暴露她们的浅薄和利欲心。看到一个女作者在投稿时不附内容，却在个人介绍后附着几张目露凶光的S型扭侧身体的照片时，我直接给枪毙了，想秀也得看地方好吗？你要去选秀，露三点我也没意见，但现在你是要投稿啊，难道不是努力装得像个有思想有智慧的人，而是要表现自己的脸蛋和身材？

爱倾诉的人由于太缺少存在感，所以她们多半很能挑剔批判，她们的眼睛里经常看不见好，但哪儿有“不好”，立刻第一个发现，就像一张丑女照片下面总有一堆赞美，而一张美女照片下面都有一堆“眼睛不行”、“鼻子太高”等批判一样，一个特别会挑剔抱怨的人，多半对生活的控制力很差，所以她们在无力回天，在比不过别人时，选择了挑剔和批判。酸葡萄心理说的就是她们。

一个动不动就倾诉自己的人，实在缺少生活智慧。其实，我们最好不在别人面前讨论自己。《智慧书》说得好：“当你谈论自己时，若不是为虚荣而自夸，就是因自卑而自责，你会失去对自己正确的判断，也会为他人所不齿。这一点在朋友间很重要，对于处在显赫位置的人更重要，因为他常常在公众面前讲话，在公共场合露面，他若稍显虚荣就会被认作愚蠢。当面谈论别人也非明智之举，你很可能被认为是曲意奉迎或口出不逊而处境尴尬。”

我们生而为人，就有作为人的社会属性。马克思说：“人的本质不是单个人所固有的抽象物，在其现实性上，它是一切社会关系的总和。”我们的一切行为不可避免地要与周围所有的人发生各种各样的关系，如生产关系、恋爱关系、亲属关系及同事关系等。生活在现实社会中的人，必然是生活在一定社会关系中的人，与我们产生关系的每一个对象，都有自身的需求、愿望、责任与义务，每个人都有被尊重的需求，人的社会属性要求我们必须对他人保持一定距离的疏离和尊重，不能把自己的想法变成对他人的要求，更不能把这一要求再当成他人的义务。

但有的人完全不懂得自己的社会属性，不明白人与人之间的互动是相互依赖，是相互满足，是以自己的剩余价值去交换别人的剩余价值，她们一味把自己的需求凌驾于他人之上，觉得全世界都应该围绕着自己转，别人都该为自己奉献，自己怎么自私都是可以理解的。她们的典型特点就是特别爱瞎折腾，瞎掺和别人的生活，不知道自己对别人构成了严重的骚扰，一旦别人不接受这种骚扰，她们便觉得自己的小心肝又受伤了。

这类人以倾诉狂为代表，与一般的偏执狂相比，她们构成的危害要大得多。一般偏执狂守护着自己的心灵世界，总有一片区域不愿意被打扰，由于同理心，她们一般也不会轻易打扰别人。但倾诉狂就不同了，她们是变态的偏执狂，她们的世界只有一件事干，那就是说话，不断地说话，不是不断地说一些不知所谓的废话或不断地发泄自己的情绪和感想，就是不断重复地倾诉自己的生活，生活中多大点事都要强迫别人知道。要是有点大事儿——无论是好事还是坏事，她们基本就成了没有停止按钮的循环播放机，更变态的则希望别人也充当她们的播放机。

倾诉狂们不知道自己是倾诉狂，她们沦陷在倾诉需求里，只是觉得自己有很多“想法”或“问题”要说，至于别人是不是有必要听她们倾诉的义务，她们就不管了。如果有人因为自己不愿意被打扰而拒绝她们，她们便会觉得世态炎凉，没有人理解自己，没有人相信自己，没有人爱自己。

有位祥林嫂，逢人便讲儿子的死和自己的悲惨遭遇，乡亲们起初出于好奇——或者说一种很变态的攀比心，从他人的苦中寻找自己的乐，虽然自个儿对生活很不满意，但一看还有人比自个儿惨得多，于是心理便暂时得到了极大的满足，所以这些人特意过来听祥林嫂的悲惨故事，但天天听一个故事也欠缺乐子，而且祥林嫂还总爱强迫他们听，不管自己有没有事，只要一遇上她，就得接受被打扰，最后，她终于成了令每个人都避之不及的人了。

当你身边有倾诉狂，你会渐渐发现承受45度忧伤美是多么让人头痛！想要挽救自己，最直接的方式是你不妨将道理讲得比倾诉狂还长，这样，她们便因为倾诉感受挫而慢慢选择少找你，如此便可省去不少麻烦。另外，你不妨做如下的尝试。

一、尝试理解：无论是打压别人寻求优越感的“可恨之人”，或是赚取眼泪换取支持的“可怜之人”，都有背后的原因，理解这些原因，可以帮助我们以一颗平常心对待她们。

二、直接Say No：找理由或者借口，比如，“我很忙，抱歉，下次吧”，“我今天心情也不好，改天再听你说”之类。

三、故意忽略：减少你做出的回应或者情感反应甚至适当的走神（比如眼神犹疑，这需要爆发性的演技），通过肢体语言等信号让对方自觉无趣，倾诉热情受挫。

四、适时提问：“你这次跟我讲的好像跟上次相比毫无进展，这是为什么呢？”甚至在一开始察觉到对方的苗头时就直接主动发问：“从上次你跟我说完，你都做了些什么？”帮助当事人从倾诉转向行动。

五、打断话题：通过打断对方，来重新掌握话语主动权，比如，“你说的这个我也有同感……”或者直接打岔，“嗯，对，我上次听你说来着。对了，你觉得油价还会涨么？”

六、侧面引导（这也是挽救他人的仁者之招）：“我觉得你的情感很丰富，不妨把你感受写成日记……我等着看你的日记。”

如果你发现你自己就是倾诉狂，而且也想解决这个问题。那么，请别找人倾诉，可以把自己的话写在日记里，反复看，对比、分析原因，也许你能从中慢慢锻炼出解决问题的能力，或者还能赚到一个不错的文笔。

怎样走出越诉越苦的怪圈？

> 欲：从欠，谷(yù)声。“欠”表示有所不足，谷的甲骨文字形上面象水形而不全，表示刚从山中出洞而尚未成流的泉脉，下面象谷口。控制一种欲，并不是说要完全扼杀或掐灭它，而是说，当一种欲望产生后，我们要通过一定的方法，将它限定在合理的范围之内。

所谓的倾诉欲，可以从心理层面进行解释。积极心理学家汪冰的文章对此有专门的说明：

自我完成：每个人的内心都有一个符号化的自我，由于自我完成更容易在这些符号被他人认可的时候发生，所以当人们想要获得某种身份的时候，就非常想为自己的符号化行为找到一个听众。倾诉狂人总在随时寻找下一个猎物，她们还总是热烈地说服对方相信她们有某种特征（如有钱、幸福甚至痛苦等），即使这样做会给对方不好的印象。因为在此时，讨人喜欢已经不是她们的目的了。相反，她们更渴望的是为自己的身份寻找社会证实。为此当事人可能从单一的符号化视角看待生活，只看见强化自己身份的证据，最终自说自话，生活在自己编造的“事实”中，并信以为真。

疏解焦虑：对于通过不断倾诉来提高自己的人，这一焦虑来自对自身价值的不确认，她们喜欢进行社会比较并以此获得最大的满足感，但是社会比较是一把双刃剑，比下有余的同时她们也常常陷入比上不足的自卑中，这自卑又促使她们不能闭嘴。而如祥林嫂式的不断重复自己悲惨故事的人，同样是陷入对自身生活和命运的焦虑中。因为无力解决问题，她们习惯了通过不断的倾诉来发泄内心的绝望和痛苦，将内心矛盾外化，最终成了她们唯一熟悉和使用的应对问题的方式。

获取认同：过度倾诉者，她们只关于注向他人证明自己拥有某个希望的身份，而不顾别人的愿望、需求和潜在反应。但是，即使完全忽略别人的感受，她们依然渴望得到积极正向的反馈。别人的艳羡或者同情，让她们感到优越，从而更加认同自己的身份和想象，即便对方的一切反应都是出于礼貌的客套。

越诉越勇：如果听者也大部分因耳朵里长了厚厚的茧子，而陷入审美疲劳或者情感反应淡漠。过度倾诉者有可能会把这些理解为自己的言语或者倾诉内容缺乏足够的冲击力，而开始变本加厉甚至添油加醋、主观臆造。于是，真实和幻想的界限变得不再分明，最终连诉说者自己都难辨真假。

慢性成瘾：最终过度倾诉成了倾诉狂人获得多种满足的唯一途径，虽然并不能真正改变她们的处境，但却是最简单直接的出口。当她们沉浸在自己编织的情节中，强烈的沉浸体验将她们完全包裹，此刻，除了她们与自己的故事，其他的似乎都不存在了。正是这种“活在当下”让她们信以为真，并且隔离了焦虑、恐惧和内心的不确定。无论是优胜者还是受害者，无论是羡慕还是同情，每一种确认都让她们获得了某种程度的“自我肯定”。倾诉成了制造幻觉的毒品。

亲爱的，你倾诉前能否想想，别人是独立的个体，也有自己的事和问题要处理，听你说，你付费吗？你倾诉的目的是什么？是纯粹情绪发泄，还是要解决问题？有的人其实很不喜欢说话，虽然真要说话还没几人说得过他们，对于他们来说，没有必要的交流是能避免则避免的。把别人当成自己情绪的垃圾桶，虽然痛快了自己，却给别人带来了很大的困扰。

那么，我们如何走出越说越渴、越诉越苦的怪圈？

一、建设性的倾诉方式。倾诉本是正常的心理需求，但是这种类似“心理呕吐”的方式却有害无利。不仅最后搞得自己习惯性呕吐，而且还会影响与周围人的关系，毕竟谁也不愿意总当别人的污物桶。所以习惯过度倾诉的人可以尝试通过文字，比如日记、书信的方式来表达自己的情绪。书写的过程就是整理与反思的过程，而且当那些情节与情绪铺陈在纸上，当事人可以通过第三只眼来重新审视和打量自己的处境。

二、从倾诉到行动。习惯性倾诉者要明白，反复的倾诉并不会让问题自然解决，不会增强，甚至会削弱行动的动机。把喜欢倾诉的问题列出来，看看解决问题的大目标能否分解为几步走的小目标，哪些事情是最容易和可控的，定出有时间限制的具体行动目标，并与自己喜欢的倾诉对象讨论计划进展。

三、寻找生活乐趣。倾诉似乎成了过度倾诉者最大的生活乐趣来源，她们已经无法从生活中的其他方面获得自我价值感或力量。所以从生活中找寻其他实现自我的价值机会也非常必要，无论工作还是兴趣爱好，能够自得其乐是快乐生活的根本，而且兴趣爱好还可以帮助我们在倾诉欲到来的时候转移注意力。

四、改变视角。倾诉者往往沉浸在自身对事实的解读中难以自拔，她们大多拥有着僵化甚至消极的视角。从这样的视角出发，她们总能够搜集到足够的证据证明自己认识和观点的正确，进而深陷其中无法自拔，再也找不到其他的理解方式。所以在倾诉之前尝试看是否能从另外一个角度来解读同一个故事，如果从其他当事人的角度来解读故事，故事又是怎样？

五、自检倾诉内容。每次跟别人倾诉的时候，请在倾诉的当下省察一下自己，是否跟同一个人反复地说着同样的话，而没有任何改变或者进展。完全重复的内容会让曾经同情你的听者感到挫败，曾经羡慕你的听者感到厌烦，进而影响到你有价值的人际关系，最终导致越诉越无可诉之对象。

最后，无论想倾诉的是喜悦还是痛苦，都只是你个人的事，别因为男友给买了个小礼物就到处嘚瑟，也别因为男友忘记你生日了，就要死要活地到处找人评理。即便是你委屈，他不对，你说了又能如何？

需要一个独自舔舐伤口的角落

> 創 创：从刀，仓声。像一个躺着的人，手上脚上受了刀伤。伤从人，昜(yāng)声，昜为太阳，阳被覆盖，意指活力受损。这世界很公平，你想要最好，上天就一定会给你最痛。所谓成功，并不是看你有多聪明，也不是要你出卖自己，而是看你能否笑着渡过难关。

谈自疗创伤之前，要先说说两个词：一个是情商，一个是社交力。

我们所说的情商，主要是指人在情绪、情感、意志及耐受挫折等方面表现出来的品质。总的来讲，人与人之间的情商并无明显的先天差别，更多与后天的培养息息相关。我一直认为，情商是智商的一部分，没有足够的智商，怎么可能在面对情绪、情感和各种困扰时，进行良好的自我平衡？人的任何行为和感受都需要智力的参与，我想，心理学家之所以把智商分为情商与智商两种，可能是觉得，每个人的智力所长都各有偏差，有些单一、深入、专业，不会大量产生情绪因素的工作，例如科研与各种学术研究等，需要的多是纯粹的智力高度。

而从事环境复杂，能产生大量情绪因素的工作，比如公关应酬、教育和与多人相处，或遇上重大事件时，需要的多是能进行自我调节和适应的情绪智商。情商与社交力并不是相等的，只是成正比关系。情商越高，社交能力可能会越强。但不排除有的人情商不高，因为热衷、喜欢或擅长社交而显得特别有社交能力。有社交能力只能说明情绪控制力好，压抑了自己本能的情绪冲动。但情商却是情绪调适力，调适不是压抑，而是疏解。有人情商极高，和任何人都能自然友好地相处，但由于内心思考或其他需要使他们不愿意过多地发挥或提升社交能力，由于没有在社交方面专门花心思，一些很细节的技术和方法未必懂，所以显得不是很有社交力。

在很大程度上，母亲决定了孩子的情商，父亲决定了孩子的社交能力。

如果我们留意一下就会发现，一些来自离异家庭或与父母不和的孩子，总是很喜欢和异性建立亲密关系，尤其是年长的异性。父母不和，意味着孩子与双亲中的一方或两方都无法很好地交流，缺失了母爱的孩子情商会很低，缺失了父爱的孩子社交能力会很低。为什么母亲决定了我们的情商呢，因为我们一切情绪都产生于安全感忧虑，而母亲是孩子安全感的原始来源，是我们的底气。大家常常说的一个词叫底气，动不动就说自己说话没底气，做事没底气。底气是什么？就是安全感之气，就是母亲之气。

为什么说底气是母亲之气？中国传统文化中，父亲是天，母亲是地，来源于易学文化系统。《易经》中说："乾天也，故称乎父；坤地也，故称乎母。"天地之大德是生化万物，父母之大德则是生养我们。父亲主生，母亲主养——你吃惊了？自己不是母亲生的吗？怎么说父亲主生了？《易经》说了，天地要氤氲（阴阳交合），男女要构精，万物才能化生。你家父亲把你和数十亿竞争者一同喷出来的时候，他就完成了生的任务了，剩下的你，活泼的你，强悍的你，蝌蚪中的战斗机的你，长跑冠军的你，第一个到达了养活你，让你成长的巨大圆蛋面前，这是你母亲的卵子呢！你第一次见到妈妈的卵子时，就被它的巨大体积惊呆了——它几乎比你大一百万倍。妈妈为什么是伟大的？没有卵子你就活不下去，所以母亲是我们的安全感来源。

我们只有感觉自己处于绝对安全时，才会有充足的底气——不仅是肉体，还有精神，比如不敢得罪人是因为怕他报复，我不怕打你一巴掌然后被你打一巴掌是因为我还有刀的这种底气。虽然这比方不好，但大致就这么回事。底气意味着我们相信自己所倚恃的东西有绝对强大的力量帮我们渡过或避免难关。你没钱的时候，你敢因为不想受气就辞职吗？相反，你家财万贯，不仅可以因为不想受气就离职闪人，还可以给别人气受，因为你有底气——强大的财力足以让你不必为一点薪资而委曲求全，它给你的安全感，足以成为你倚恃的底气。

一个没有安全感的人，又如何能对自己的情感、情绪进行良好的控制呢？面对各种困扰时，又怎么能不惊慌、愤怒、焦虑呢？如果失去一点点，就能影响你的安全感和生活质量，你又怎么可能面对失去而心平气和呢？如果失去某种东西，既不会影响你的物质生活，又不会影响你的精神生活，你还会在乎吗？可见，重要的不是失去，而是失去什么会影响你的安全感。

所以缺失母爱的男孩子容易犯罪，缺失父爱的女孩子，如果还遇上了一个人格不独立的母亲，给不了她完整的安全感，那么，她们中的大多数人都会迷恋那些年龄比自己大得多的男子，而且特别容易被男人欺骗。随着年龄的增长，这种成长过程中的缺失感自然而然地促使她去寻找能代替父亲的男人，她要寻找安全感，希望通过成熟男人的爱来治疗她在童年的创伤。

说白了，一切心理障碍和负面情绪都是安全感缺失导致的。但是，我们必须明白，作为一个人，一个有机生命体，是不可能绝对安全的。就算是皇帝，也要为保全帝位而惶恐不安。由于渴望获得绝对安全感，我们拼命地占有外界资源，因为占有得越多，我们的应变力就越强。我们手无寸铁时肯定害怕劫匪，但我们占有了枪炮时，一般小匪就无所谓了。但是，我们只有占尽一切资源，掌控了整个宇宙时，才会有得到绝对安全感的可能。这一心理诉求直接导致了我们的贪婪，所以我们对物质的占有欲永远都不会真正地得到满足，即使如比尔·盖茨与李嘉诚这等巨富，都不会觉得自己的钱多得达到了可以不再继续增加的境界。只不过因为这些聪明人活明白了，接受了一些生命真相：钱挣不完，自己挣的钱满足基本需求完全没问题了，自己主宰不了世界，于是才慢慢地减少了对金钱疯狂占有的贪欲。虽然，有那么一部分人固执地认为，自己的做法是为了自我实现，他们不明白任何需求都是为寻找到自己想要的安全感。只要还有追求，还想证明自己，就是自我绝对安全感的缺失。

由此可见，绝对安全感是不可求的亦你掌控了家，又会开始担心企业，你掌控了地球，还要操心外星人入侵，你掌控了太阳，还会想掌控银河系……所以，绝对安全不可求，不可得。既然如此，我们不妨放弃对外在绝对安全感的追求，通过内观返视实现对万事万物的接纳，生起一颗能坦然对待一切变故之心，那我们内在的安全感就有了支撑力量。

但要寻找内在的安全感支撑，就必须重塑我们的内心世界。思维改变是一个无比艰巨的重大工程，我们不能奢望在一夜之间就变成一个拿得起放得下的超级智者。

其实，希望迅速解决问题也是一种逃避，其中隐藏着得到某种叫智慧的东西的渴望，以及来远离现实困境的潜在动机，这和渴望金钱、逃离现实的痛苦毫无区别。没有耐心也是逃避，它让我们失去了面对现实、面对痛苦、面对真相的机会。

面对就是方法，面对就是步骤，面对是解决问题的开始也是问题的结束。

当你了解了这一点，你就可以去坦然回忆或面对曾经令人痛苦或恐惧的往事。因为只有首先接受，你才可能找到造成你痛苦或恐惧的根源，解开心结。我们从小到大都不可避免地经历过这样或那样的恐惧、焦虑或者伤害，已经产生的创伤诚然不可能彻底消除，但从某种角度而言，经历一次创伤也就是经历一次成长。

我们不能完全指望父母帮助我们疗愈伤口，也不能指望其他人疗愈我们的伤口，我们要学会自己疗愈自己的伤口。用一颗从容的心，接受不能改变的，再为自己能改变的那一部分而努力。

平等是一种理直气壮的人格

> 等，从竹，寺声。寺原来是整齐摆放书简的地方，所以等有整齐的意思。平等观说明，我们和其他生命是一样的，没有什么高下之分，所以谁也没有义务为我们的人生负责，我们只能对自己的人生负责。

中国人的骨子里没有平等这个概念，翻开中国历史，我们不难发现，历史上中央集权所形成的民族性的意识只有“控制他人”或“受制于人”两种，传统思想中没有人生而平等、自由的意识。诚然，在任何社会里，都不可能有绝对的自由，但大家看待自由的出发点却有着截然相反的两种：

一、卢梭式：假设人生来绝对自由，我们为了组成社会谋求福利而牺牲部分自由。

二、解放式：假设人生来就都是带镣铐的，由于被救星解放，我们得到部分自由。

“在相信前者的社会里，当要求个人作付出的时候小心翼翼，程序复杂；在相信后者的社会里，每一次剥夺都理直气壮。”一个网友如是精辟地说。

由于没有平等、自由等观念，所以我们如此热衷等级制，大凡聚会，座次都要讲个老幼尊卑。而今换了圆桌，尊卑座次不好排，也要根据大门的方向来确定哪个位置是上席，在各种场合都要分等级的思想观念依然根深蒂固。所以我们所谓的革命，不是为了让天下人都过得更美好，而是为了“皇帝轮流做，今天到我家”。也正是由于这种意识，所以长达几千年的轮流坐庄，都没有产生一个愿意为天下人拥有平等权而奋斗的胜利者，倒是一次又一次的集权使得御民之术越来越厉害。

一个人格不完整的民族里，能产生的只会是个人权力幻想，而不是众生平等的意识。

《潜规则》作者吴思说：王子爱上了灰姑娘，丑小鸭变成了白天鹅，这类童话之所以流行不衰，是因为灰姑娘和丑小鸭们喜欢读，读了愉快，读着上瘾，她们需要这样的白日梦。有了这样的需求，不同的时代和地区便冒出了许多灰姑娘童话的变体，譬如《简·爱》，就很像灰姑娘故事的英国近代版。

就文学作品来说，国外多数作品是站在女孩的角度做梦，站在财富角度做梦；而国内绝大多数作品都是男人在意淫，每一部以男人为主角的小说，体现的都是一个男人的至尊梦、被施舍梦以及皇帝梦。至尊和自尊，只有字形相异，渴望做至尊的男人，缺少的恰恰是自尊。将内心被尊重的需要建立在外在条件上，所以他们只能通过做至尊来实现自我被尊重的满足。

拨开身份、名称和环境等一切外因，我们就能看清这些主人公的本质：他们拥有一种超常的能力，可以保护自己不受暴力的侵犯和伤害，自己却有能力随心所欲地伤害别人，这点在武侠小说上体现得最为明显。而类似于《聊斋志异》这样的男性幻想小说，则讲的是对自身不满意，指望天上掉下个仙女来成就自己的卑贱幻想，如果我们把仙女换为皇帝或任何可以使男主角平步青云的角色，或把仙女的爱看成高层的赏识，那么，我们不难发现，这种被施舍梦反映出的仍然对权力的崇拜。所以常有人抱怨自己没有李刚做爸爸，没有一个像比尔·盖茨的母亲那样的妈妈。若把男主角的超常能力看成超强暴力，那么，我们就接近了本质。

什么人才能拥有超强的暴力，不受暴力的威胁，却能以暴力贯彻自己的意图？究竟什么人可以衣食无忧，既富且贵，身边美女如云？这种拥有匡扶正义的地位，凭借暴力获得立法和执法权威的社会角色，在中国历史上只有一个，那就是皇帝。

大侠凭着独步天下的武功可以不受任何威胁，皇帝只有剪除异己才能不受任何威胁。在寻求绝对安全的意义上，追求绝顶武功的人，与追求天下一统的人，其实没有什么差别。当然，皇帝梦中的许多东西，是人类普遍的幻想和渴望，譬如公正、强大、受人尊敬、衣食不愁、美女如云、安全、有成就、匡扶正义、偷懒、不受管束和约束以及不干没有意思的苦工等等，这就是为什么西方人的幻想是《百万英镑》《基督山恩仇记》中描述的巨大财富，而中国人狂热幻想却是拥有最强暴力。枪杆子里面出政权，政权里有财富、尊敬、性资源、成就……在一个缺乏安全和秩序的社会里，唯一能解决一切问题的根本性资本就是最强大的暴力——权力。

有人说中国人可怜，可怜在哪里？追求至尊——不想获得做人的尊严，却盼着登上“至尊”之位践踏他人做人的尊严；不愿为自己争取做人的权利，却愿意匍匐在至尊脚下觊觎至尊。可惜从来就缺乏公民意识的中国人，流了那么多血，遭了那么多的罪，还是不肯放弃骨子里的至尊意识，把自我价值和内心欲求的满足都建立在外在条件上。如此一来，谁拥有的外部东西越丰富，谁就越尊贵，这就是为什么中国人没有平等概念的原因之一。

但凡以一个人外在所拥有的来判断其地位的社会，就不可能是一个有平等概念的社会。而在这样的社会里，盛产的就是虚骄与攀比。即使嫁个女儿，一些女方家长要看的是男方出的彩礼钱是否撑得起自己的面子，而不是考虑两个新人从此一起生活所要走的漫漫人生路。不难看出，中国人只有嫁和娶，换一种说法就是付出和得到。嫁女方认为自己付出了，所以自然需要彩礼作为交易，娶妻方既然要得到一个妻子，自然要付出购买的代价。每个人都给自己定了价，所以一旦彩礼等条件达不到女方要求，交易就不太容易成功了，这就是天涯上满屏的《男友给的彩礼不够要不要分手》《公婆买的房子不写我的名字要不要分手》的原因。

在讨论成长的时候，为什么先要说平等概念？平等意味着我们要把自己当成独立个体，与父母和各种社会成员一样拥有同样的权利，当然也要承担同样的义务；意味着父母没有义务无条件地为我们奉献，我们也没有权利一味向父母或社会索取；意味着我们不做皇帝梦，不做被施舍梦，不抱怨自己的投胎技术不好，不憎恨世界如此残忍，不嫌恶人心如此不古；意味着我们每一个人的路都只能自己走，每一个人的成长任务，都只能自己承担。任何以他人的牺牲或奉献为基础的需要或欲望，都是对平等二字的践踏，绝大多数时候，也注定了必然的失望。

我们要学会把自己和他人放在对等的位置上。不去仰视强者，也不睥睨弱者。一个总统和一个乞丐，唯一的差异就是工作和着装不同，我和大家一样，除了工作、性别和个体的不同，没有任何社会地位的差别。平等还意味着我们必须抛弃不劳而获的思想，根据付出的比例而不是运气来讨论收获，虽然运气这玩意儿并非没有。

因为我们都是平等的，所以，我们不可以要求别人，只能要求自己。如果确实有欲望或需求需要借助他人的力量达成，那么，我们可以通过交易来满足自己。你想要一个苹果，就得掏钱买，不能指望别人白给你，你想要Iphone也同样如此。

因为我们是平等的，所以我们要尊重他人的个人意志，即使我们不赞同，也不必非得逼人家改正。既然我们都不喜欢别人强加个人意志于自己头上，又怎么能视他人的意志自由于无睹？有了平等意识，我们就能懂得，自由不是为所欲为，而是不干扰别人，也不被别人干扰。

中国人的依附型人格就是因为没有平等概念导致的。没有平等概念，一些人理所当然地让父母包办一切，一些父母理所当然地包办着一切。一些女人理所当然地认为男人“应该”满足她的一切需求，而一些男人则理所当然地认为自己的“空虚”、“寂寞”都是因为家里的女人不“懂”自己导致的，所以他们和女人“性格差距太大”，两人“没有共同语言”，所以要出轨，要找理解，要找共同语言。明明是自己对抗不过雄性本能，还硬被他们说成了被逼无奈。真的仅仅是无法交流吗？是根本没把女人也当成一个平等的个体对待。我相信没有多少女人会无理取闹到在你有情又讲理的情况下嫁给你后却不再愿意理解你，陪着你一起成长。当然，并非没有明明自己全错还认为自己全对的人，奇葩总是有的，要允许例外的存在，更何况我们都是人格不健全的人，每一个人都可能有过一段奇葩的时期。

对于家庭中无平等观念的问题，已有婚姻的人，我的建议有四个：要么忍，要么狠，要么滚，要么提醒对方，告诉对方要有平等意识，要有共同成长的意愿。不过，要做到最后一条，很难，因为我们要改变固有的三观，与社会风气对抗，很难。

有了平等意识，才能谈独立。

我所说的独立，是指人格独立。我们其实只能独立独行，虽然，有时我们也可会遇上扶手，遇上好心搀扶我们的人，遇上背我们的人，但那是极少出现的小概率事件，人生的绝大部分时间，都只能自己一个人走。不想或不能自己走的情况，请参看残疾人或瘫痪者，人格不独立，不愿意自己走的人，你们与需要轮椅或为床所困的人有什么区别？人格不独立的人就是精神残废，只有精神残废才把自己的愿望和期待建立在他人的施舍和奉献上，偶一为之当然可以，长期恐怕不行。没人有义务永远背着另一个人走，所以腿不能走的人，多数时候要靠自己的轮椅或手。没有独立意识，不想培养自己独立能力的人，注定会成为社会的弃儿。

我还得再次提到《最后的狮子》，狮王被新入侵者打败，一头带着三只幼崽的母狮，为了孩子不被新狮王杀死，她选择了带着孩子逃亡。一只宝宝在过河的时候被鳄鱼吃了，剩下两只和她一起生活在无物可猎的荒原上。好不容易等来了雨季后的野牛群，可是，她要猎杀食物，又要照看宝宝，真是进退无策，不捕猎，没有奶水，养不了孩子；捕猎，又害怕宝宝被野牛王伤害。因为被她咬伤的一头小牛用血的气味把自己的伤害告诉了父亲野牛王。这位父亲怀恨在心，力求报复。挣扎良久，她选择了把宝宝藏在一处草丛中。这个地方对她来说是最理想的选择，一是离自己捕猎目标近，二是隐藏性很好。无数次失败的捕猎后——野牛很大很暴躁，不是那么容易猎杀的，尤其它们还懂得群体攻击，她终于冒险猎得一头牛。还没有来得及吃饱，一群卑鄙的鬣狗就抢走了她的战利品，而在这时，她突然发现，自己的宝宝不见了。

寻找孩子，是母亲的本能。她日夜呼唤，到处奔走，才终于在一个很远的地方发现了小狮子，小狮子被踩断了尾椎，只能拖着自己的后半身走。她满脸忧伤，不停地舔舐，可是无论她多么努力，也治不了宝宝的伤。最后一次给宝宝喂了奶后，低鸣良久，她终于做出了一个决定：抛弃这个宝宝。是的，当宝宝无法站立的时候，就注定了要成为弃儿。广漠的草原上，就算妈妈继续照顾她，她也会因为无法站立而在妈妈捕猎时被其他野蛮动物杀死，站不起来，就只能等上天的安排，无论是被鬣狗咬死还是被饿死，抑或是被野牛踩死，已经无关重要，自然社会中，既然结果已经是必然，那么，怎么实现这个结果只是方式问题，而不是根本问题了。

于肉身，能否独立独行尚且如此重要，何况是精神呢？

独立意味着我们要自己承担自己的需求和欲望所产生的责任与压力，我们只能自己对自己的人生负责，不能干涉别人的意志，也不能把自己各种欲求的满足强加为别人的义务。天下没有免费的午餐，任何对他人的不对等期待都是一种压迫和剥削。分清楚自己想要的和自己能要的，我们才会懂得，很多不痛快纯粹是因为自己不对等的期待导致的，你期待自己满足父母的愿望，这是一种不对等。你期待孩子像你希望的那样去成长，这也是一种不对等。

我们每个人的出生，都是为了成为自己，而不是成为别人。有了这样的意识，我们的包容心和接纳心都会拓展很多，而包容心和接纳心，便是成就恢宏气量的基础，更是自在人生的开始。

横向营销的时代到来

——从纵向营销到横向营销

> 纵向营销创新的成功率很高，但在成熟细分的市场中，其新增销售额却很低。通常情况下，这种创新的成效不大。相反，横向营销创新一旦成功，其获得的销售额将极为可观。

“人走我不走，杀出新血路。”这是叶茂中这厮想提醒企业的一句话。

企业的生存首先是市场和竞争对手的选择，然后是营销思维的选择。一旦选定了市场和竞争对手，那么就必须在营销思维上和竞争对手“反着走”。不是试图做得比竞争对手好，而是要区别于它。大企业可以选择安全有效的方案，然后取得安全有效的成果；也可以冒更大的风险，以期更大的成功。但确定的安全性对于中小企业来讲却是奢侈品。

最危险的地方最安全，最安全的地方有时反而最危险。今天与大家在这里探讨纵向营销与横向营销的话题，并不是要以此来界定大企业与中小企业，而是大企业和中小企业如何选择的问题。所以叶茂中策划公司即便在服务中小企业，都勇敢地选择大市场并和大企业为对手，这样才能获得大利润。当然我们并不盲目，选择的都是他们的侧翼，运用的不是纵向营销思维而是横向营销思维。

纵向营销极限运用的结果

诸如市场细分、目标锁定、定位这些能产生竞争优势，因而转化成商业机遇和新产品的机制，已经为国内营销人员所掌握。几乎每一位营销人员张口闭口都会谈到定位。

事实上，市场细分和定位策略确实也已经为一个又一个产品和品牌找到了适合自己的生存发展空间。

在牛奶市场，有原味的、各种果味的、含果粒的、伴果酱的、低糖的、无糖的、低脂的、脱脂的、高铁高钙的、添加各种微量元素的，等等；在啤酒市场，有普通啤酒、淡啤、生啤、冰啤、黑啤，以及瓶装的、罐装的、散装的，等等；在洗发水市场，有去屑的、营养的、柔顺的、让头发不分叉的、让头发更有韧性的、防脱发的，等等；牙膏也有美白的、坚固牙齿防蛀牙的、防过敏的、预防上火的、清新口气的，等等；化妆品就更多了，论功能，有滋润的、美白的、祛斑的、防皱的，论用途，有面霜、眼霜、手霜、足霜、全身用的护肤霜，论形态，又有精华液、乳液、膏体、还有成膜的，等等。

如此这般将市场进行深耕再深耕地细分，从而为产品和品牌找到一个相对独一无二的市场空间的营销方式，被称为纵向营销。在利润空间足够充分的初级市场，纵向营销所向无敌,建立了一个又一个成功的类别及亚类别市场。

然而细分能持续到何种程度呢?

当一个大市场被不断地瓜分再瓜分，变成无数的小市场，要找到有利可图的细分市场就变得相当困难。菲利浦・科特勒在《水平营销》中就曾经指出：市场细分与定位策略的不断运用尽管能扩大规模，但最终会导致市场的饱和与极度细分。从长远看，市场细分弊大于利，而且会降低产品的成功率。因为市场的过度零碎化与饱和状态使得利润来源越来越小，几乎不足以支撑一个产品和品牌的成长。

而与此同时，由于市场的极度细分，各细分市场之间的差异性越来越模糊，导致产品与产品、品牌与品牌之间愈来愈相似。创新能力在下降，没有根本的质的变化，只是同一体系内的微调。这种细分只是将原有的市场进行了深入挖掘，将一些潜在消费者转化为现实消费者，并没有真正拓展出全新的市场空间。

随着更多新产品、新品牌的加入，吸引消费者注意变得更为困难。感冒药货架上有 100 多个长的、方的盒子可供选择，消费者能记得的又有多少？一方面消费者选择越来越多，选择的时间却越来越少；另一方面新的媒体不断涌现，资讯泛滥，传播成本越来越高，传播效果却急剧下降。没有让人眼睛一亮的创新，根本不可能让消费者注意到你，更无须谈什么现代营销竞争。市场对创新的要求从未像现今这么迫切又关键。

然而新产品、新品牌仍然在以 10 倍的速度增加，同时又以 10 倍的速度甚至更快地消亡。快速更新和尝试新奇已开始成为社会习惯，产品的生命周期日益缩短。拥挤不堪的细分市场已经不胜负荷，新品牌机会越来越少。

接下来怎么办呢？

横向营销的主张：打破界限

木头椅跟皮球有什么关系？不会跑的汽车卖给谁？如何将花卖给不会养花的消费者？免费爆米花会带来利润吗？全部商品让消费者自己定价，可能吗？……如果你的答案是：没有！不可能！那么你需要听听横向营销的答案——木头椅＋皮球＝沙发。不会跑的汽车可以卖给驾驶培训中心，也可以卖给游乐场，因为可以是模拟驾驶装置，也可以是驾驶游戏软件。既然顾客喜欢花又担心不会养，何不租花给他们？在迪厅提供免费爆米花会让消费者口渴而购买饮料，利润就来了。拍卖场上的商品创下天价的何止一二？原有市场经不起再细分了，为什么还要在其中打圈圈呢？为什么不去更广阔的空间抢生存、图发展呢？打破界限，你可以有其他的选择。这是横向营销的主张。问题是其他的选择在哪里？更广大的空间在哪里？如何找到他们？

在具体的打破方法上，横向营销提供了六种工具：

替代——除了牙膏还有什么其他东西可以清洁牙齿吗？口香糖。

反转——门一定要从外面锁吗？从里面锁有什么用途？

组合——房子可以移动吗？

夸张——谁可以帮助消费者实现星际旅游的梦想？

去除——不逛街可以购物吗？冬天为什么总要穿厚厚的棉衣？

换序——有什么办法可以让消费者在使用服务前预付费用？电话卡、电费卡、会员卡。有时候为了鼓励消费，我们又会让消费者后付款先使用，那个产品叫作信用卡。

现在我们来试试打破。

打破产品类别界限

如果木头椅永远跟木头椅竞争，顶多在款式、颜色、制作工艺、选材上做文章，哪怕用了檀香木，描了金画了银，它也只是个硬邦邦的最高级的木头椅，可能吸引最有消费能力、有品味的木头椅消费群，那显然是一个极狭窄的人群。反过来想：为什么木头椅一定要是硬邦邦的呢？可不可以有个柔软舒适的木头椅？如果把皮球的柔软弹性添加到木头椅上会怎么样？于是木头椅就变成了沙发，变成了另一样家具，变成了人人都可能需要的产品。

市场空间开阔了，消费群扩大了，这是横向营销的结果。

“柒牌中华立领”同样体现了反转思维。西服原本是舶来品，我们在为其做策划时反其道而行之，赋予它传统中装的特色，形成了独特的中华立领西服。结果它卖得火爆。

我们策划的“雅客 V9”也是运用横向营销的结果。普通的水果糖已经有几十年的历史，橙味的，草莓味的，葡萄味的，香蕉味的，柚子味的，哈密瓜味的，等等，有什么水果糖还没有被开发呢？或者开发一种新的水果味糖果它的市场容量又有多大呢？越界探索，我们找到了维生素的概念，组合糖果与维生素两个概念，于是一种全新的维生素糖果品类诞生了！“雅客 V9”超越了糖果的竞争，在维生素与糖果之间创造了另一个市场空间。

《哈佛商业评论》上讲了一个案例：

随着电影、电视、电子游戏、舞台剧的发展，马戏正在越来越多地失去观众，太阳马戏团面临着严峻的生存危机。遵循传统的纵向思维逻辑，要生存要发展，就要做得比竞争对手更好，向观众提供更多刺激和乐趣。但是这样就可以改变太阳马戏团的命运了吗？太阳马戏团用横向思维重新审视了马戏的生存环境，发现太阳马戏团的困境并非输于竞争对手所致，而是因为马戏行业整体遭遇到其他新兴娱乐业的冲击。于是太阳马戏团重新界定了问题本身，提出了横向营销的解决之道：即在向观众提供马戏表演的刺激和乐趣的同时，加入戏剧的复杂情节和艺术内涵，让马戏表演就像戏剧一样，有自己的主题和故事情节，甚至每次演出都配有自己的原创音乐和灯光。

通过引入戏剧、芭蕾舞等领域的表演元素，太阳马戏团创作出了精美绝伦的娱乐表演形式。它吸引了一个全新的顾客群——已经转而光顾戏院、歌剧院和观赏芭蕾舞的成年人与企业客户，这些人愿意为一种前所未有的娱乐体验支付数倍于传统马戏的票价。而且由于上演的剧目多种多样，人们就有理由更频繁地来观看太阳马戏团的表演，从而提高了马戏团的收入。

就这样，太阳马戏团仅用20年的时间就取得了全球顶尖马戏团——玲玲马戏团经历一个多世纪才取得的成就。但是太阳马戏团并没有跟玲玲马戏团竞争，而是走了另一条介于马戏、戏剧、舞蹈之间的道路，既非马戏，亦非戏剧，更非舞蹈，而是吸收了所有这些艺术形式的元素并进行了再创造，开创了一个全新的娱乐领域，它成功了。

打破产品类别界限，以原创性产品来革命性地界定一个新市场，将带来比细分市场高得多的利润回报。

打破、打破、再打破

不能够产生原创性产品怎么办呢？那就必须在市场层面及营销组合层面进行创新。比如赋予旧产品新功能，为它寻找新的使用方法、使用场合、使用人群、使用时间。或者用新的方式来销售它：新的渠道、新的价格体系、新的促销方法、新的概念等。这同样是横向营销的一种运用。

换个说法，横向营销希望我们继续打破：打破产品功能界限、打破目标消费群界限、打破使用方法界限、打破使用场合界限、打破使用时间界限、打破渠道界限、打破价格界限、打破促销界限、打破营销组合方式界限，等等。各种打破有时还可能互相交叉。

打破产品功能界限

内衣加上时尚化设计，引发了内衣外穿潮流。

让汽车具有居家功能，房车出现了，移动汽车旅馆出现了。

电脑 + 电视 + 通讯 + 游戏 +……人类就进入了多媒体时代，电脑的市场就不仅仅局限于办公，更渗入家庭。

叶茂中这厮有一次和手下闲聊：

宾馆里的一次性浴帽如何还能扩大市场？机会或许在厨房里。做饭菜的时候头发掉在饭菜里是令人恶心的事，而烹调的油烟沾在头发上亦令人不爽，浴帽正好派上用场：包住头发，阻挡油烟。现在，浴帽生产厂家只要改变产品名称：一次性厨师帽，并与一次性桌布、保鲜膜之类产品陈列同一货架，浴帽就多了一个市场空间，浴帽厂家就可以多赚银子了。

打破目标消费群界限

剃须刀的目标消费人群当然是男人，可是吉列却想要将剃须刀卖给女人。横向营销居然一如既往地支持这个想法：有什么不可以呢？现在市场上针对女人使用的剃须刀已经有了吉列、飞利浦、松下等众多品牌。

打破使用方法界限

牛奶是喝的，现在可不可以干吃呢？这就诞生了干奶片的创意。水果是吃的，可不可以喝呢？这不仅诞生了果汁饮料,还诞生了榨汁机市场。一个人想打网球怎么办呢？壁球又诞生了。

打破使用场合界限

米饭是典型的主餐食品，有什么办法可以让米饭成为零食呢？小米锅巴做到了。还有土豆，由餐桌上的红烧菜肴变成了办公室的休闲食品薯片。甚至用来填饱肚子的热气腾腾、白白胖胖的馒头，也可以变成郊游时的休闲食品烤馒头片。在随身听出现以前，音乐只能在一个固定的场所欣赏，现在呢？

打破使用时间界限

牛奶大多数时候都是早晨饮用，有没有可能晚上饮用呢？所以有了安睡奶。牛奶饮用市场一下扩大了。

睡衣是睡觉时穿的，但加上一些外衣的特征，它就成了居家休闲服。

打破渠道界限

随着互联网的普及与完善，网上购物对传统便利店的威胁越来越大，坐在家里遍览千万种商品，动动手指就可以订货上门，多么方便的购物方式啊！

传统便利店还可以做些什么呢？运用横向营销思维，传统便利店不要试着去对立互联网购物，可以试着去补充：互联网送货上门需要极高的时间与人力、财力成本，那么网点广泛的传统便利店正可以充当互联网的仓储与发货功能。威胁转变成了机会。

化妆品、洗发水可以放到药店出售吗？横向营销认为可以，只需要将化妆品和洗发水增加治疗功能。

打破价格界限

一件衬衫卖到上万元，一部车只卖一元，可能吗？

就像前文提到的爆米花，甚至免费赠送，但一样创造利润。因为横向营销的运用。

打破营销组合方式界限

养花成为一种回归自然的风尚，许多个人和企业都喜欢用真正的花草来点缀周围的环境，但常常因为不懂养花因此望而却步。为了鼓励消费者购买真正的花草，纵向营销可能会建议花农提供更容易养的花草，但那样一来就只有极少的品种可供选择。横向营销则会建议借鉴其他产品的营销组合方式为我所用，既然房屋可以出租，花草为什么不可以出租呢？

行动就有可能

叶茂中这厮坚定不移地认为：营销的过程充满了无限的可能性，只是人们是否相信这种可能，并且愿意为了一个看似不可能的目标付出行动，直至将不可能变为可能？设立一个不可能的目标，然后运用创造力与想象力将不可能变为可能。这就是横向营销。所以横向营销的口号是：为什么不可以？相信创造力与想象力！行动就有可能！

现在我们可以知道：横向营销探索的是对产品、市场及营销组合要素在广度上的创新；纵向营销更多是对产品及市场深度的挖掘。横向营销的方向是不确定的，扩散的；纵向营销的方向却是确定的，至少是在一个大的体系里的分裂。纵向营销创新的成功率很高，但在成熟细分的市场中，其新增销售额却很低。通常情况下，这种创新的成效不大。相反，横向营销创新一旦成功，其获得的销售额将极为可观，甚至是奇迹。在一个初级市场，纵向营销可以提供产品和品牌左冲右突广阔空间轻而易举地圈块地盘，而在竞争激烈的成熟市场则更需要横向营销发挥创造性的奇迹。

然而每次横向营销的市场成长，却又需要纵向营销的深耕拓展。纵向营销运用的是我们的左脑（即逻辑能力），横向营销要求我们运用右脑（即创造性的直觉）。两者具有互补性。同时运用这两种营销，则能产生强大的营销合力。纵横结合，纵横营销，方能纵横天下。横向营销需要水平思维，水平思维的培养，建议大家可以去“啃”一下爱德华·德·波诺《严肃的创造力——运用水平思考法获得创意》,应该有所获益。为什么说“啃”而不说“看”呢?以叶茂中这厮的经验，这本书实在是需要很大的耐心才能参悟。

体育营销：
只有保存大量动物本性的人才能成功

谁错过了利用体育载体，就错过了最佳的推广传播机会，要知道：当人们的目光都集中一个地带，而你在这个地带出现了，实际上你付出的成本是最低的。

体育的生命力在于人民群众都有好斗倾向

体育运动的高关注度是不由分说的，不仅喜欢的人多，喜欢的程度也深，爱得死去活来的体育迷遍地都是。一场球赛输下来，矿泉水瓶子什么的就全砸了下来，国骂京骂海骂全往运动员身上招呼。恨之切，只因爱之深！

体育为什么让人如此入迷？这要追溯到人的好斗本性。幼儿园小朋友打架是最不懂害怕的，打得满地滚来滚去都不罢休；小学生、初中生的娱乐之一也是打架，一个班里最为人津津乐道的学生，不是学习最好的，而是打架最厉害的；网络游戏最火的也是斗争性的游戏。

文明发展后，人类轻易不再打架了，但相应的斗争方式却越来越多，商场、战场、赌场、情场、职场，有人的地方就有斗争。

因为人的好斗天性，体育活动就成为人类寄托好斗情绪的载体。看体育运动里的激烈争斗，就如同自己跟别人比赛一样，不仅参与性很强，而且倾向性也很明显。所以凡体育节目都有相当固定的收视群，而世界杯、奥运会更是一场大众化的体育运动，其关注度之高不言自明。

体育，是一场全人类的斗争，是大众注目的焦点。

谁错过了利用体育载体，就错过了最佳的推广传播机会，要知道：当人们的目光都集中在一个地带，而你在这个地带出现了，实际上你付出的成本是最低的。

这一成本包括两方面：

第一是传播成本，也就是你投入的资金；

第二是时间成本。平时你让一万人了解你的品牌可能需要一年的时间，而当消费者焦点集中时，你可能只需要几天的时间就可以达到这一效果。时间成本对企业非常重要，我们都应该是非常珍惜时间的人，企业同人一样，他们拥有的时间都不可复制。对于企业来讲，在中国的市场环境下，能够以最快的速度抵达目标，会给企业带来可观的经济利益。

记得2002年世界杯期间，我们的客户“柒牌”在中央电视台只投了900多万广告，便迅速攻入消费者心智，从此一举成名。最近还有很多经销商跟我说起,说“柒牌”就是在那几十天红遍中国的。

2006年世界杯，我们又建议客户中华英才网买了两个赛事套播和一个栏目特约，六十九场比赛之后，中华英才网一战成名,这就是利用眼球集中地带集中投放的好处，效果立竿见影。

体育一直以来就是难得的营销传播平台，这一平台能否掌握好对任何一个企业都至关重要，尤其中小企业。在当前这种信息社会里，能够找到大众的焦点已经不是件容易的事情。体育正是难得的大众焦点，只要可能，中小企业都应该通过体育营销缩短攻占消费者心智的时间。

一项调查显示64％的消费者更愿意购买体育赞助广商的产品；而同样的资金投入为体育赞助企业带来的回报是常规广告的3倍。

走上舞台就要站在它的中央

许多中小企业的广告费用是相对分散的，那就要将它们尽量集中起来。

2003 年，我们一个客户的广告费共计 2000 多万，它的电视广告基本上都集中在中央台的招标时段，这是大众眼球相对最集中的地方，给企业带来了非常好的效果。如果我们当初将这笔钱分散在各家卫视，那就不可能获得如此的集中效应。

中小企业在开展体育营销时，应该考虑好回报，不要去追求便宜，如果没有好的效果花再少的钱也是浪费。要么不上这个舞台，要上就要跑到舞台的中央。贪便宜站在舞台的边上，表面看是省了钱，但你会发现周围很少有人看你一眼，大家的目光都集中在了舞台中央。对于中小企业来讲，不能在一年的时间内和娃哈哈这样的企业比广告量，但是可以在一个月，或者更短的时间里去比，达到市场爆破的效果。

中小企业和大企业在这方面有类似的地方：大企业可能做全国性市场，他要站在大舞台的中央；小企业做区域市场，它该站在小舞台的中央。

而根据调研的结果，一次大型体育赛事之后，往往只有两三个品牌能够为观众所记忆。所以只有站在舞台的中央，你才可以达到上舞台的目的。

如何才能站在舞台的中央?

一是找到够中央的舞台。

比如足球世界杯，虽然提起足球中国人就痛，但一年到头大大小小的赛事排列开来，有哪个赛事更让人揪心得不行呢?

再比如人们对奥运会竞技项目的关注程度也是不尽相同的。游戏性强的项目,人们的关注度才高。关于这一点，只要看看雅典奥运会各个竞技项目的上座率就知道了。当然中国人所熟悉的项目，国人的关注度也相应比较高。比如说中国人通常都会打乒乓球、羽毛球，再往低处说一点，跑步总是会的，所以这些项目的关注度自然就会高。跆拳道、击剑，就离中国人的生活稍微远了点儿。

二是傍上这个舞台最亮的星星。

后文会专门探讨如何“贩卖”奥运冠军。

中小企业资金少也不怕

运动营销并不是大企业的专利，无论是大企业还是小企业都可以选择量力而行的事情去做。

小企业在赞助大的赛事上，资金可能会存在问题，但是你可以选择适合自己的项目赞助。以奥运赞助为例，同样是奥运赞助，让中国的所有运动员都穿你的服装，那当然很贵。但是赞助一些小项目的花费并不会太高，比如雅客 V9 赞助了奥运指定糖果，金六福赞助奥运庆功酒，其他企业可以赞助奥运指定饮水，运动员指定水壶、杯子等。对于国家队的赞助，也可以选择一些夺冠呼声不强的冷门球队。奥运有许多赞助项目，便宜的一千多万，贵的上亿，你要选择一个适合自己的赞助项目。只要和奥运挂上钩，就会很快提升企业品牌形象。

在赞助体育的时候，花钱应该有两种花法：

一种是小企业做小赞助，甚至假赞助，只是借赞助给自己获得利益。

第二是大赞助，跟体育确实有非常紧密的联系。比如我们的客户 361°，专门做体育运动装备，常年赞助国家羽毛球队，就取得了很好的推广效果。

另外，叶茂中这厮还有一点要提醒各位看官，善用政策可让你的赞助性价比更高。雅典奥运会我们帮雅客 V9 用体育明星李永波和影视明星周迅去新疆天山拍了一条《击鼓篇》广告，虽然制作费用很大，但是播放费用却很少，因为利用了公益广告的政策。不明就里的经销商看到雅客在奥运会期间投放了这么大量的广告，都认为雅客很厉害。

此外，中小企业即便对奥运赛事一分钱也不赞助，他们也同样可以利用这一契机，例如做一些具有奥运气氛的广告，消费者看过广告后，就会产生该企业同奥运有一定关系的错觉。中小企业在这方面一定要动脑筋。我曾经见过一个国外企业在这方面非常聪明：他并没有对体育赛场进行赞助，但却把通往体育赛场的路上都安上了他的广告牌。这就会给观看比赛的消费者造成一种错觉，好像这场比赛是他们赞助的。企业就可以充分利用这种错觉，在减少成本的基础上，实现最好的宣传。

如果中小企业在企业营销方面的预算资金较少，那他就一定要在另外两个方面特别重视——胆子要特别大，创意要特别出彩。这就好比一个人，如果他很聪明，胆子不是特别大，也没有钱，他有可能会成功；还有人不是很聪明，也没有钱，但是胆子特别大、好冒风险，他也有可能会成功；最可怕的是这个人不聪明、没有胆，也没有钱，那他必败无疑。对于中小企业来讲，没有足够的广告预算是很正常的事情，这时候企业就要胆子大起来，创意好起来，否则就无法立足于市场。

"蒙牛"的胆子大，否则就不会有今天的战绩。2005年又是它，地球人都知道了"超女"，当然也记住了蒙牛酸酸乳。超女的巨大成功可以归结为两点，一是满足了消费心理，二是它的活动形式。

之前我们为“雅客”策划了一个活动，借鉴“超女”的两点成功要素，外加一个体育营销。怎样让一个糖果跟奥运搭上边呢？听上去很难扯上关系，但我们还是找到了——啦啦队，美女啦啦队，跟奥运有关，跟年轻人心理也有关。这年头谁都想当主角,芙蓉姐姐也当自己是美女。活动的主题定了以后，剩下就是执行了。在全国范围内选拔年轻女生，要健康的，有活力的，这是与“雅客”相关的品牌调性，不能丢，再通过网络媒体对选手进行选票，这其中还可以制造很多噱头，最终选出一支“雅客”美女啦啦队参加 2008 奥运会，为中国队加油助威。活动的时间可以相对拉长，给足预热时间网聚人气，如果执行到位，影响力是没问题的，如此一来，在消费者心目中产生了雅客与奥运的联想，这对客户来说是最大的收获，因为在 2008 年谁跟奥运搭上线，谁就是赢家。

花了那 1000 万，就要舍得花这 3000 万

在体育营销问题上，中小企业最需要注意的问题是合理分配营销费用。用多少钱去赞助，用多少钱去找明星，用多少钱去投放广告，这是有一定比例的。这个比例要设

计好，不能把投放费用全给占了。

说到体育营销的预算分配，业内有个不成文的规定，就是花了 1000 万的赞助费，就要花 3000 万甚至更多的传播费用，用于广告和公关。

可口可乐的体育赞助与传播费用的比例高达 1：10。很显然，赞助体育不是可口可乐的目的，让大众知道可口可乐的赞助行为从而引发消费者对它的好感度才是根本目的。

这里涉及两个问题：

第一，如果没有 4000 万的体育营销预算，就不要拿出 1000 万去赞助，宁愿赞助少一点，也要留足后续的广告费用，否则赞助费就打了水漂。不成熟的企业贪图名分，以为花钱换个名分就会一举成名，企业要时刻清醒，奥委会是不会帮你宣传的。

第二，如果那 1000 万已经花出去了，这 3000 万如何分配？一般来说，报纸炒作需要一定费用，终端派发的相关礼品、广告招贴也需要一定费用，但最主要的还是广告费，尤其是跟电视台奥运会报道的广告费。

企业花了这么多钱赞助、宣传，最终目的不就是为了跟奥运会联系起来嘛！比如中央电视台的奥运报道，正好是奥运信息传达最广、暴露最多的平台，最受观众关注的比赛结果也会随着央视奥运报道的深入一个个揭开。对有实力的企业来说，既做奥委会的赞助，也做中央电视台广告，这才是最佳的奥运营销方式。

企业赞助奥运，主要的工作是传播，因为奥委会是不会帮你传播的。中小企业要采用体育营销还要一步一步地去做，要有打持久战的准备和决心，坚持到底必有所获。

学会“贩卖”奥运冠军

体育明星代言是体育营销的重要手段之一。

我们知道找广告明星代言对产品的形象非常重要。找明星要讲门当户对，品牌和产品要与明星般配；要么不找明星走别的线路，要找就一定不能比竞争对手的差；请了大明星也要有好的创意来支持；品行不端的明星不用，绯闻不断的明星慎用，品行不稳定的明星忌用。

选择体育明星代言人同样要遵循以上规则，更有两个忠告：

第一，弱势品牌不要用强势品牌用过的冠军，因为这样会降低品牌的竞争力。比如，可口可乐用刘翔拍广告，刘翔会让人们记住可口可乐，而一些弱势品牌如果用刘翔拍广告，却只能让人记住刘翔本人而已。所以弱势品牌最好选择强势品牌没有用过的明星。

第二，奥运会前，找奥运军团的教练做广告是比较稳妥的选择。毕竟教练成功的可能性比运动员要大很多，尤其是中国的传统强项。比如，雅典奥运会开赛之前我们为安踏拍广告，客户请了孔令辉、王皓和冯坤，广告还大说“赢的力量”，结果孔令辉和王皓两人都没能夺金，幸好冯坤所在的女排拿了冠军。奥运会正式开始之前找运动员拍广告就像押宝，押不好的话就押错了。说实话，我们策划雅客 V9“征战雅典、中国必胜”奥运版广告的时候，开始考虑的代言人是羽毛球男单头号种子林丹。但是冥冥中我们有一种预感，最终还是选择了中国羽毛球队总教练李永波。这看起来是上天对我们的保佑了。林丹在第一轮出局，加上没能夺冠的王皓和孔令辉，恐怕我们得背上“害客户”的骂名了。相比之下,还是选择奥运教头稳妥得多。

此外，弱势品牌也尽量不找过气明星。虽然品牌处于弱势地位，但经过多年的积累，手上资金还算宽裕，找明星做广告提升品牌就尽量别找过气的,不仅不能提升品牌，相反会给人以过气品牌的印象，还不如不找明星。正当红的明星往往会给消费者一种错觉：这个明星代言的品牌也是正当红的。品牌无形中就借到了明星的影响力。

那么应该如何选择体育明星代言人呢？有个最通俗的

方法：选择有兴奋点的体育明星。

同样是奥运冠军，有没有知名度和影响力完全不一样。如果选择了没有知名度和影响力的冠军，在做广告的时候不仅要介绍产品，还得要拼命告诉别人“这个人是奥运冠军”！

请奥运冠军做代言，最好也要选有明星气质的，比如说伏明霞，形象好，气质佳。如果选个奥运冠军形象、气质一般，效果可能就没这么好了。

广告还要注意到你的目标人群，只有受到你的目标受众喜欢的冠军你才能用。田亮就不仅仅适合年轻人，也适合中年女性，因为他的形象能激发女人的母性光辉。同时田亮外表出众，即便在影视圈里也属靓仔，是商业价值比较高的奥运冠军。

另外，奥运金牌不仅仅属于运动员，教练起的作用也是很重要的。比如羽毛球队的教练李永波，他的知名度就比许多运动员要高。企业选代言人可不能只选冠军，而是要选择有影响力的体育明星。

回过头再看看雅典奥运会。人的记忆是有选择性的，总得有个兴奋点才能让人记住。孙甜甜和李婷拿到了中国第一块网球奥运会金牌，刘翔拿到了亚洲人在 110 米栏上的第一枚金牌，还平了世界记录，这都是记忆点。每个项目都会有一个记忆点，而刘翔无疑就是此次奥运会最大的记忆点，因此刘翔的这枚金牌，含金量是最高的。在我们看来，刘翔可以为任何企业的产品做代言。连小孩子都知道刘翔跑得快。甚至刘翔也可以给女性用品做代言，因为他简直就是新的“大众情人”。

当然，对女排，中国人也是有特殊感情的。对于中国人来说，中国女排已经是融入中国人骨血的女排精神。女排夺冠，其份量比网球金牌对中国人的意义还要深。比如女排教练陈忠和，就非常有大将风度。创维 V12 用女子十二乐坊拍广告就不如用女排姑娘。十二乐坊的姑娘，知名度和感召力都不高，甚至你随便请 12 个女孩子拿着乐器站到长城上，人们都会以为是女子十二乐坊呢。但是女排姑娘就不同了，如果创维 V12 请中国女排的姑娘们拍广告，那种震撼力将是难以想象的！

对于中小企业在寻找体育明星时更要慎重，安踏在同类企业中是第一个找体育明星代言的。他们找到孔令辉，才花了几十万，之后，安踏一炮打响。由此可见，出手快也是中小企业省钱的捷径之一。

2008 年，是体育明星最辉煌的时期。在这一时期，叶茂中这厮认为体育明星的价值会超过娱乐明星的价值。

让你的品牌随奥运一起运动吧！

既然体育营销对企业如此重要，那么，当奥运会即将到来的时候，就让你的品牌随奥运会一起运动吧！

体育营销的活力就在于运动，这种品牌的运动有两层含义：

第一，企业不能坐观其变，要随着奥运会动起来，参与奥运营销。

对中央电视台奥运广告资源来说，我觉得有两类企业应该参与进来，一种是中央电视台的老客户，借此可以强化品牌形象；另一类是新品牌、知名度不是很高的品牌，借此可以一炮打红，就像"柒牌"一样。

第二，在具体的参与方式上，广告也要运动起来。

这个运动指的是和奥运会紧紧联系在一起，随机应变，赛前、赛中、赛后三个阶段都有计划有步骤地开展品牌的广告运动。

赛前，企业可以做些振奋民族精神的广告，比如某某企业为中国某某队加油之类，很有感召力，观众看到这样的广告能有共鸣；

赛中，观众收看的情绪比较紧张，参与度很强，企业的广告一定要跟比赛相关联，而且要有运动感。从这一点来说，企业应该为奥运会量身定做几个版本的广告，决不能播放旧版本敷衍了事；

赛后，最好的方式是一旦某个运动员得了冠军，马上就播放他代言的广告，趁着余热犹在，品牌传播效果很好。

只有保存大量动物本性的人才能成功

有人担心：大家都在体育营销，差异化怎么办呢？

天才是像韭菜一样一片一片长在一起的，天才的想法也很相似。不管是毛泽东的军事思想还是麦克尔·波特的管理战略都会有相似的地方。

大家都用体育营销并没有什么不好，只有这个市场炒热了，各家企业才能有更好的发展，在市场上往往是三足才能鼎立，一家很难独秀。就像在一条街上，如果孤零零地开了一个酒吧，就算它的档次再好，但是关注的人数有限；另外一条街是酒吧一条街，每家都会有客人，每家也还有吸引更多客人的空间，是一个酒吧的效果好，还是酒吧一条街的效果好？结果显而易见。福建晋江的许多企业都集中在央视五套去打广告，集中选用体育明星代言，这是非常有道理的。

当然，要想在这条酒吧街上，货卖得比别人好，就要比别人下工夫。

企业想脱颖而出的方法很多，请大牌明星、找最好的策划公司、制作最精美的广告、全面提升产品质量。但这些方法要么需要大资金，要么时间周期很长。

试试运用技术,打造个性的卖点。产品只有更具卖点，才能成为行业的“紫牛”。例如，“柒牌”打出了防皱专家的卖点，说它的裤子怎么动、怎么洗都不变形。还是跟运动有关的一个卖点哦。当我们提出了产品具体的卖点和优势之后，“柒牌”犀牛褶裤子的销量猛然飞涨。

《富人的物种起源》告诉我们：只有保存大量动物本性的人才能成功。

毛泽东早年也曾在《新青年》写过一句话：文明其精神，野蛮其体魄。

关注体育就是关注人性，关注人性就是关注人的动物性，所以我们要洞察这一点，利用体育营销，利用人的动物性来进行品牌的新传播新建树。体育营销，叶茂中这厮认为现在正是时候！任何企业都不应该错过这个大好的历史机遇。

长尾营销：不捡西瓜捡芝麻

地上有一堆散落的芝麻和一个大西瓜。一个营销人发现了他们，兴冲冲地奔过去抢西瓜，刚要拣，却被横里冲出一人抢先拣了西瓜跑了。营销人当然很沮丧，只好去拾地上散落的芝麻。等他拾完所有的芝麻，芝麻积攒整整一大袋子，他所得到回报的丝毫不比那一个大西瓜少，甚至更多。于是营销人兴奋的喊："新的长尾理论果然好用！"

广告人需要不断补充新鲜知识来养活自己，否则就会慢慢枯萎直至死亡。叶茂中这个广告老兵自然也需要学习新鲜的理论知识来武装自己。听说最近有个火热的"长尾理论"，于是也就虚心地去学习一番，因为落后是要挨打的！

长尾理论与传统经典的"二八定律"产生直接冲突。

传统的"二八定律"是1897年意大利经济学家帕累托归纳出的一个统计结论，即20%的人口享有80%的财富。当然，这并不是一个准确的比例数字，但表现了一种不平衡关系,即少数主流的人（或事物）可以造成主要的、重大的影响。

在传统的市场营销中，为了提高效率，厂商们习惯于把精力放在那些有 80% 客户去购买的 20% 的主流商品上，着力维护购买其 80% 商品的 20% 的主流客户。

就像散落在地上的西瓜和芝麻，西瓜就是那 20% 的主流，芝麻就是原本无足轻重的 80% 的众多非主流。一般人稍作判断，即会豪不犹豫地选择那 20% 的主流，绝不会自然地想到去经营那 80% 的边角料。所以人们用拣了芝麻丢了西瓜去形容一个人傻。

但是总有不安分的人出现，总有些“傻子”想要证明自己不傻，于是长尾理论呼啸着登场了。

长尾理论是从统计学中一个形状类似“恐龙长尾”的分布特征的口语化表述演化而来。克里斯·安德森认为，只要存储和流通的渠道足够大，需求不旺或销量不佳的产品共同占据的市场份额就可以和那些数量不多的热卖品所占据的市场份额相匹敌，甚至更大。

长尾有两个特点：细和长。

细，说明长尾是分额很少的市场，在以前这是不被重视的市场；长，说明这些市场虽小，但数量众多。巨大的数量的微小市场，却也占据了市场中可观的分额——这就是长尾的思想。

长尾市场之所以被重视，或者可能被重视是和计算机和网络技术高度发展密不可分的。

传统的观念中，当市场过小时，相应的收入也比较少，而开拓市场的人力成本却不见减少，因此长尾市场就很可能是个亏损的市场。而当高新信息技术出现后，用低成本甚至零成本去开拓和维持无数个小市场成为可能。

于是先锋们大吼着那被人们忽略的 80%，也就是长尾是有力量的，你们不能就这么忽略他们。先锋们开始带头抢起了芝麻，用拣芝麻取得的巨大成功来证明长尾的价值。

Google 为数以百万计的小企业和个人打广告，这些“芝麻”们以前从来没有被重视过，也从来没有广告商愿意为他们做广告。而现在这些人却可以帮着 Google 打广告。于是 Google 从中取得了巨大的效益。

亚马逊网上书店成千上万的商品书中，一小部分畅销书占据总销量的一半，而另外绝大部门的书虽说个别销量小，但凭借其种类的繁多积少成多，也占据了总销量的另一半。一个亚马逊公司员工曾说：现在我们所卖的那些过去根本卖不动的书比我们现在所卖的那些过去可以卖得动的书多得多。

苹果公司的 iTunes 在线音乐商店获得了巨大的成功。如果消费者只想听一首歌曲，为何要强迫其去购买整张 CD 呢？两年前，苹果正是看透了这一商机，在网站上为用户提供正版单曲销售。就是这 99 美分和 15 美元的差距，使得苹果目前已经卖出了 5 亿首单曲，同时其 MP3 播放器 iPod 的销售量也借此在不断攀升。

eBay 开创了一种买主同时也是卖主的史无前例的商业模式，让数量众多的小企业和个人通过它的平台进行小件商品的销售互动，从而创造了惊人的交易量和利润。它的成功让人们看到，只要将尾巴拖得足够长，就会聚沙成塔，产生意想不到的惊人效果。

拣芝麻的成功者不断增加，长尾理论的支持者也不断地增加。他们似乎让我们看到了在传统市场下不可动摇的经典的“二八定律”，在互联网的促力下，开始有了被动摇的可能性。

但是“长尾理论”有其特殊性，要满足某些条件才能行之有效。至少它现在还不是一个能够放诸四海而皆准的理论。我认为长尾理论要有效必须具备两点要素：

足够的存储和流通的渠道，并且市场维护成本要尽可能小。计算机和网络技术高度发展使之得以实现。因此我们看到大批长尾理论的获利者都是互联网企业，传统市场中“二八定律”依旧大行其道。

确定那些“芝麻”是实实在在的有价值的芝麻，看似微小，却能量巨大，而不是无用的糟粕。因为糟粕即使再多，也还是没有价值。

拣芝麻的营销人员要懂得拣，要会拣，要拣得有水准。

如果看到满地的芝麻不去拣，那是你蠢。

如果看到芝麻散布得很分散，不值得消耗极大的体力去奔跑搜集，那不如专心寻找西瓜。

如果拣回来的是一地垃圾，那么恭喜你，你比蠢蛋还蠢。

网络真是一个神奇的东西，新事物层出不穷，在长尾理论和 Web2.0 网络的支持下，各种新的网络传播方式也涌现出来，“窄告”就是其中之一：

网络营销很多人并不陌生，网络广告、搜索引擎、电子邮件被称为网络营销的三大法宝。但如果你现在还只懂得运用这些方式，就说明你已经落伍了。现在，这三大法宝已经变成了老三样，窄告等新营销形式的出现及迅速盛行，仿佛一夜之间，让我们进入了新网络营销时代。

通过网络搜索进行语义分析，把按客户要求定制的广告自动投放到与其内容相匹配的网络文章周围，而且还能根据浏览者所在区域、浏览习惯这些个性化特点进行投放。作为一种新型的网络广告形式，窄告的最大特点在于直接命中目标客户，精准有效。

大家都有一点体会,不相关的网络广告是令人厌恶的，现在窄告就是要建立这种相关性。使广告成为文章的增值服务信息。以掌上通的电子机票为例,当文章正文涉及“机票”、“赠保险”、“比火车票便宜”等该公司设置的关键词时，掌上通的广告就会被展示出来。

总之，长尾理论和窄告的出现，让我们这些习惯使用“二八定律”的广告人，着实吓了一大跳。不过，往深里想了想,倒是我们的思维又多了一种方式。“学无止境”嘛，所以叶茂中这厮又去学习了一回。下一次，可能又有什么关于长尾理论的营销案例出现，到时可以再与诸君分享。

你看，我还是在“广告”！

符号营销

在一种认知体系中，符号是指代一定意义的意向，可以是图像的文字组合，也可以是声音信号、建筑造型，甚至可以是一种思想文化、一个时势……你记得张三李四可能麻烦，但是你记得大胡子、小眼镜就方便多了，所以符号也可以说是由人的认知习惯造成的。

广告传播的基本目的应该是给人们以一种最基本的认知，那么符号在广告传播中到底是一个什么样的角色呢？从古到今，凡大成者，都在谈谋略。广告人也都在说策略，说定位，都觉得广告有了策略、定位就什么都解决了，可它真能解决一切问题吗？当然不是，世间没有什么东西可以解决一切问题的，没有万能钥匙。

那么符号和策略、定位又是什么关系呢？一个产品的诞生犹如一个新生命的诞生，性别已经确定（是饼干还是饮料），定位就是赋予这个男人或者女人一个短期或长期的社会角色。角色确定以后，就面临怎样去打造这个角色。

大家就会想到运用文字、图形、声音等等来解决这个问题，这些就是符号。所以，叶茂中这厮认为定位解决的是对与错，是科学，是逻辑思考的结果。而符号解决策略、定位诞生后所面临的表现问题、传播问题。策略定位在广告范畴里是很小的一部分，而伟大符号的出现能够使产品和企业更加强盛。

符号的力量在哪儿？伟大的符号可以改变一个时代的世界观、认知观；能够引领一个时期的流行文化；改变一个产品、企业的命运。

五星红旗是一个时代的符号，她是一种革命，一种精神；义勇军进行曲也是一种符号，歌词与音乐阐述了国人的心境。共产党把五星红旗和义勇军进行曲作为革命思想的主要符号展现给世人，改变了中国，改变了世界。

美国 MTV 电视频道的“I Want My MTV”。这个文字组合加上了声音成就了美国的一个音乐时代，它传达的不仅仅是吸引了人们喜欢音乐，还引领了一个又一个时代的潮流。

对于一个产品一个企业，符号更张显其力量。提起万宝路香烟，就会联想到美国西部牛仔；说起大红鹰就想起 V 字，而 Nike 的“想做就做”，可口可乐的“红色”等等更体现了一个品牌的理念。然而，更深层次的，通过这些符号，深深印在我们心理上的，却不仅仅是一个视觉符号，一句简单的广告语、一个颜色：西部牛仔代表的是自由精神；V 代表的是永远胜利；Nike 认同叛逆的心理；而红色代表活力。通过视觉的、声音的、语言的、颜色的各种各样的符号，与消费者从精神层面上沟通，成就了这些伟大的品牌。

这就是符号的力量，他可以改变世界，改变时代，改变企业，改变你我。

而我们从哪里寻找这些伟大的符号呢？

第一，创造产品名的符号。产品名称并不是随便给产品的一个代号，而是产品、企业的内在组成部分，甚至要涵盖企业的理念。所以给产品命名就是使它符号化，以便于传播、记忆、沟通。比如叶茂中策划机构策划的“真功夫”快餐连锁，真功夫代表了产品的品质，即真功夫企业所在粤菜“蒸”的原汁原味，还代表了一个时代的热点，甚至一个民族的精神，也将李小龙的形象与名字“真功夫”天衣无缝地结合在一起，既便于记忆，又含义深刻，所以被消费者广泛认同。

第二，广告语符号。目前市场上很多广告语都是从产品层次上寻找一个营销卖点，就是常说的 USP（独特的销售卖点）。其实这只是一方面，广告语符号化可以从很多层面来发散，来寻找，如从精神层面、道具、动作、社会热点等，就像北极绒的“地球人都知道”这个广告语，其实已经脱离了产品卖点的范畴。

第三，代言人符号。代言人代表了一个时代的亮点，一种个性，一个群体的精神领袖，所以充分利用代言人的价值，融入品牌的理念，可以较轻松地建立一种品牌符号。代言人可以是明星，也可以是普通人，甚至是动物。NIKE 请乔丹作为品牌代言人，成为 NIKE 飞跃的关键。叶茂中策划的 361° 运动鞋请豹子作为形象代言人，更是异曲同工，它唤醒了每个目标消费者心中的豹子。

第四，资源也可以成为符号。因为资源最为大家所熟知，代表了巨大影响力和认知度，我们把它借用过来，就容易花最小的钱办最大的事。如叶茂中策划公司策划的红金龙，就借用了宇航员这个人们熟知的符号，抓住一个巨大的资源,抢占资源,作为思想的传播者就更显无限的张力。

其实寻找符号的方式多种多样，这个符号可以是产品名称，可以是广告语、颜色、代言人、音乐等，甚至是社会热点、潮流、流行语、服装、演员的一个表情、一个道具，也可以一种创意、一种跳跃性思维、一个生活的意向。而如此这多的符号里，我们必须找到一个核心的符号，而这一切符号的最后，必须上升到一个理念，一种精神。

精神的符号，这个过程是最难建立，但是一旦确定却是最稳定最持久的符号。因为它从精神层面与消费者沟通，消费者此时记住的已经不是一个名字一个颜色一个名人，而是与它息息相关的生活理念，精神状态。就像叶茂中担纲策划的“柒牌中华立领”，选择了李连杰做为形象代言人，广告语是“男人就应该对自己狠一点”，并在一个合适的场景来演绎。这里中华立领系列男装、代言人、广告语、场景等等都属于符号，而这些符号升华出品牌精神符号“男人不屈的精神”。这时，“柒牌”已经不仅仅是一个服装，而是一种男装新文化，一种精神。因此成就了“柒牌”发展的神话。

伟大的符号成就伟大的品牌，它不但可以影响人们的话语、行为、更重要的是影响人们的观念、认知。现在，社会已进入了符号的时代，让我们一起迎接符号时代的到来。

从异性到同性，从中性到无性

——叶茂中谈男色营销

当李宇春以迅雷不及掩耳之势窜红后，当以韩国为代表的“男色”文化迅速渗透中国后，一些神经不够坚强的人终于崩溃了，他们不禁要问：这个世界怎么了？

当李宇春以迅雷不及掩耳之势窜红后，当以韩国为代表的“男色”文化迅速渗透中国后，当“好男儿”的舞台上只剩下8个中性甚至女性化的美丽男生后，一些神经不够坚强的人终于崩溃了，他们不禁要问：这个世界怎么了？

叶茂中这厮既不想加入这场口水大战，也无意探讨所谓的性别模糊，女权觉醒。我只想从一个策划人的角度出发，和大家聊聊由此衍生出来的男色经济。如今流行的男色在审美多元化的时代只要善加利用，就能转化为无限商机。

男色让女人甜蜜地沉沦

男色的流行是女性消费群体崛起的标志。过去讲男人爱花瓶,其实女人也一样爱花瓶。为什么贝克汉姆一上场，全世界的妇女都爱上了看足球，没别的，小贝实在是太养眼了，看一眼爽两眼。

AC 尼尔森的收视数据显示：在《加油！好男儿》的所有观众中，女性占总人数的 63%，在数量上压倒男性；15~24 岁、45~54 岁两个年龄段的观众最多，分别占总人数的 27% 和 21.9%。不难看出，年轻和趋中年的女性，成为《加油！好男儿》的最大“消费群”。男色的异军突起体现的是这个特殊人群的审美观，换言之，也就是女人眼中的男人标本。存在决定需求。现在的女人已经和过去不一样了，她们有充盈的消费能力，大到房产、汽车，小到洗发水、快餐面，所有的销售商都把女人当做他们的救星，一个女性消费时代已经来临。面对女人，谁不想吸引她们的目光？而花样美男无疑是非常具有杀伤力的。

男色击中高档消费品

男色经济并非对所有的产品都合适。一般来说，男色代言适用于享受类产品，而不宜作为实用类产品的推广手段。

以男性消费者而言，男性用的香水、化妆品选用男色代言自然是上上之选。名贵的酒、家具、高端的手机也可入选适用名单，因为男色所攻击的，乃是人心中最柔软的部分，而这些消费品，都属于生活必须以外的“淫欲”。此外，对品牌，特别是对那种需要附带某种特定信息的品牌，男色也是一个非常管用的手段。

男色代言情色和色情

对男色代言人最标准的形容词是“漂亮”而不是“英俊”。英俊不一定能够构成男色。陈道明和张丰毅都太过阳刚，他们都只是男性代言人而非男色代言人。

在男色的定义里面，漂亮的长相是一个基础，阳光、青春、性感、奶油都是普遍有的特征，而中性则是其中一个很关键的词。在叶茂中这厮的字典里，男色就是60%的男人糅合了40%的女人。这是一个非常危险的界限。

面对着这些未经琢磨的元素，对营销人来说，最难把握的是一个度的问题。一不小心，就会让情色成为色情，让中性成为变态。现代人已经可以接受情色，但依然鄙视色情；中性会让小众觉得新鲜，但变态却会引起大众的恶心。所以在中国用男色经济这个手段非常需要胆量。因为界定很困难，“出轨”很容易。放眼看去，韩国的李俊基，日本的木村拓哉，台湾的 F4，香港的吴彦祖，内地的胡兵、陆毅和“好男儿”们，都可以作为男色代言人的候选。不过，他们都还稍嫌稚嫩。男色的最高境界，是梁朝伟的眼神，张国荣的气质。两者都是在男性的躯壳中蕴涵着若干阴柔之气。男色代言人的眼神之中所应该流露的，是忧郁而不是学识，是伤感而不是思想，是感性而不是理性。无论是梁朝伟的电眼还是张国荣的妩媚，对男人女人都同样具有强大的杀伤力。

人类性别关系发展史有一个从异性到同性到中性再趋向无性的阶段。在这个审美情趣急剧变化的时代，太坚强或太柔弱的人都可能会丧失市场。男色经济应运而生，营销人是不是也该像叶茂中这厮一样抽空琢磨琢磨了呢？

郭德纲——草根营销的启迪

一个品牌要想在市场上获得成功，产品力是至关重要的。郭牌相声从不知名到一票难求的火爆场面，产品力在其中起到了很大的作用。郭德纲以一个“非著名”相声演员迅速窜红。

如果以营销的观点去看郭德纲现象，郭德纲的火爆并非偶然，这可以说是营销的结果。

首先，郭德纲具备了进行营销的先决条件。他将相声视为一种产品，一种需要销售，需要市场认同的产品。这使得他能够区别于那些“著名”相声演员，能够专心地生产、经营自己的相声产品。这让郭德纲的相声真正进入了市场经济。

一个品牌要想在市场上获得成功，产品力是至关重要的。郭牌相声从不知名到一票难求的火爆场面，产品力在其中起到了很大的作用。现在的一些主流相声，高举着“创新”大旗不断改变着表现形式，最终使相声面目全非，迷失了自我，也丧失了相声真正的魅力。郭的相声则不同，他从未抛弃相声的传统形式，而是在这种形式中加入了内容的创新去吸引观众，卖掉更多的笑声。郭的相声可以在10分钟之内让观众笑10次，没有足够强的产品力是不可能完成这个任务的。

品牌最大的基础是产品的质量，在这一点上，郭牌相声有了坚实的保证。

其次，郭牌相声的定位很巧妙。“非著名”相声演员这一称谓到底给他带来了什么呢?

严格地说，郭的定位实际上是被动定位。因为他没有名气,甚至成名前他的相声表演连电视也没上过,所以“非著名相声演员”的定位本无可厚非。但巧妙的是他把这无可厚非的定位放在了被观众关注的位置上，而且他越在名气变大时越是强调他的“非著名”,

在他自己以及媒体的反复强调下，“非著名”相声演员已经成为了郭德纲特有的定位。

凭借这几个字，他有效地实现了差异化。如今电视上充斥的“著名”相声演员、相声表演艺术家们的表演已经让观众们倒足了胃口。而“非著名”给观众带来了全新的感觉，同时也迎合了现代人反主流、反权威的心态。这使得郭成为了又一个草根文化潮流的代表人物。

在营销学中有一个经典案例，七喜汽水通过制定“非可乐”的差异化定位，将饮料市场分为可乐型与非可乐型两种，一方面借助可乐的名气吸引注意力，另一方面又强调了自己非碳酸饮料的健康优势，终于有力地占领了美国饮料市场。“非著名”是不是异曲同工呢？

第三，郭德纲充分地利用了渠道的特点。网络即是其中一个重要的渠道。可以说，郭德纲的火爆离不开网络传播的贡献。他在网络上开办“相声公社”，并自任版主。他在新浪有专区，他还有自己的博客，通过这些网络资源，他上传了许多自己的作品，免费提供给网民，这使得通过网络了解郭德纲的人在呈几何倍数增长着。他的很多“纲丝”最初都是在网上接触到他的相声的。这种成本低，效率高的病毒式营销手段正在变成弱势品牌崛起的最佳渠道。

成就郭牌相声的另一条渠道就是郭德纲所坚守的小剧场。不知道是郭德纲成就了剧场相声，还是剧场相声成就了郭德纲。总之，郭德纲将相声回归到剧场，演员和观众直接面对面，这让演员可以在表演的同时随时观察台下观众的反应，并及时调整自己的表演。而观众置身于这种环境中，也会被互动的气氛所感染，就好像去现场看球、看演唱会一样，观众得到的不仅是简单的欣赏。而近几十年相声的电视化，很难说是给了相声一个更大的，还是更小的舞台。虽然它的传播范围更广泛，但在这个平台上相声却被加上了太多的任务和限制。在诸多的禁锢中，相声根本无法展现其真正的魅力。同时，坚持小剧场也是一种促销手段，一票难求的现实引起了更多人的注意，也吊起了消费者的胃口。物以稀为贵，这为郭牌相声增加了很多品牌附加值。

第四，郭牌相声之所以卖得好，宣传在其中的作用同样功不可没。应该说，郭德纲是很懂得宣传的。他当初在网络上免费上传自己作品的举动，不但没有影响到他剧场相声的票房，反而让人们在接触后产生了去现场观看的更强烈的冲动，这就好像商家常用的试用装促销一样，是用来吸引人气的。事实也证明，这些散落在网络上的火种成为今天现场火爆的一个重要助动力。

同时，郭德纲很会用相声跟观众沟通，用相声为自己的品牌进行宣传。有两件事，是郭德纲经常在段子里提及的：一个说的是传统相声总共有一千多段，经过相声演员这些年不断地努力，到现在还剩下 200 段。而郭德纲也说过自己会 600 多段相声。这种不言自明的宣传让观众们形成了听传统相声，就找郭德纲的品牌认知；另一个事件流传更广，说的是在一次演出中，台下只坐着一位观众，但郭德纲和他的同伴们还是坚持为他说完了整台节目。叶茂中这厮不由想起来一个故事：1998 年 10 月 25 日，一架英国航空公司的客机从东京飞往伦敦，偌大的飞机只载了一名乘客。原来,这架飞机因机械故障而推迟了起飞时间，其间，其他乘客都被劝说改乘了别的航班，唯独一位老年乘客非这趟班机不乘。在此情况下，英国航空公司毅然决定为这一位乘客飞行,赢得了无数乘客的赞赏和青睐。“一名观众”这个故事对提升郭德纲品牌美誉度的贡献不可小觑。不管是有意无意，最终这些事件都起到了树立品牌形象的作用。

除了自身的宣传外，在这个营销事件中，媒体起到了推波助澜的作用。在春节前后，各大媒体的访谈等节目给了郭德纲足够的曝光率。而这些节目也围绕着他的相声展开，就如同整合营销传播，更体现出郭德纲品牌实实在在的形象。当然这其中也包含了一些负面的报道，但这也不一定就是坏事。炒作就好像是炒鸡蛋，只炒正面或者只炒反面都会把鸡蛋炒糊，只有兼顾了两面，火候得当，才能炒出好蛋来。

粉丝的根本意义在于让别人来帮助自己实现梦想，对于相声爱好者包括叶茂中这厮来说，郭德纲已经不是一个普通的相声演员，他还寄托着人们对相声复兴的理想。所以这也造成了郭德纲如鱼得水，千载难逢的市场环境。所以他还没到达那个高度的时候就被市场抬到了那个高度，从这点讲，郭德纲真是太幸运了。

品牌的建立绝非一朝一夕的事，同样，如果郭德纲不希望自己的品牌只是昙花一现的话,他还有很长的路要走。

李宇春——品类的胜利

> 李宇春的出现填补了一个空白，中国女歌手没有这样的，所以一出场就占了品类的位置。

我们在2000年为赵本山所演的一支广告写了一句广告词：**地球人都知道**。这句话后来成了中国老百姓的口语之一。但真正让我感受到这句话的却是2005年的超级女声。因为如果你不知道超级女声，那就别怪大家用看外星人的异样目光打量你。因为超级女声已经是地球人都知道的事。

据说全国报名人数达15万，收视率突破10%，稳居全国同时段所有节目第一名，报道媒体超百家，Google相关网页上百万……

星期五晚上的五进三选拔赛直播，我是在银鹭集团和企业家一起看的，一边看一边聊。

这个节目的成功如果用营销人的眼光来分析，**首先是节目的人权魅力，也就是说它充分尊重了消费者的权力。**

人都是自私的，他（她）所关心的永远都是他（她）

想关心的。说他（她）支持某个选手莫如说支持他（她）自己。当观众拥有了选择权的时候，台上的选手能否成功就是他（她）自己的判断力是否成功。

没有人永远只想当观众，人人都有表演的欲望，超级女声由于让观众有了参预权和决定权，这时候歌手就不再是歌手，而是支持她的那些观众的化身，另一个自己。

所以这才有支持者上街拉票，动员老外发短信，甚至严重到抢别人的手机为自己的偶像发短信。

虽然有人批评超级女声是个俗东西，哎呀，这就有点吃不到葡萄说葡萄酸的嫌疑喽。就算它俗,给条生路吧。人民实在是高雅够了，郁闷够了，让大家痛快俗一把吧。开句玩笑话，现在谁反对超级女声，简直就是与人民为敌啊。

叶茂中这厮也为劝客户 361° 在超级女声中插播了广告而庆幸。何止庆幸，简直是捏了一把汗——因为银鹭集团的副总黄向东说，江湖上现在传闻，今年哪家广告公司如果没有让客户和超级女声沾上边就是不称职。

第二是歌手的感动性好。

这就像“品牌说服”和“品牌感动”是两回事。说服靠的是产品力，也就是说歌手的演唱实力；而品牌感动依赖的是歌手的附加信息，简单说就是她的一举一动一颦一笑是否讨人喜欢，没理由地喜欢。

周笔畅130万短信选票，张靓颖80多万短信选票，和李宇春180多万短信选票差距很大。这个结局其实早就已经注定。还记得李宇春那个绅士般的邀请手势吗？总决赛开始的第一场，很多观众就都被李宇春那个绅士般的邀请手势震住了，没想到一个女孩也可以表现出如此绅士般的潇洒，透露出义气的气质。

而李宇春180多万的短信支持中，女性“玉米”占了绝大多数。

也许是因为现在的男性不够出色，男性偶像没有几个立得住，中性的李宇春某种程度上弥补了女性“玉米”的情感缺失，令其感动，这才使得女性“玉米”的数量远远超过男性。

超级女声帮助很多人找回了青春的激情，感动了千千万万人。如果有一天企业的品牌不是说服消费者而是感动消费者，叶茂中这厮也一定为你鼓掌。

第三是李宇春品类的胜利。

李宇春以新鲜的、青涩的、阳光的、帅气的形象受到追捧，不奇怪，因为她是个独一无二的创新产品。

现在产品趋向同质化，歌手也是如此。张靓颖对应王菲，何洁对应蔡依林、李玟，只有李宇春谁都对应不了，她是一个独立的品类。她中性，又不像潘美辰那么夸张。阳光、帅气、义气的形象令她脱颖而出，不可复制，无人替代。她填补了一个空白，中国女歌手没有这样的，所以一出场就占了品类的位置。

星期五晚上的李宇春以180多万的短信票选高居第一，与其说是产品力的成功，不如说是品类的成功。至少在星期五那场比赛中，我并不认为她唱得有多好，但是我当时预测她肯定能进前三甲，因为她不可替代，她不是一个产品，而是一个品类。产品与产品斗、产品与品类斗完全是两回事。回到营销上，就是要提醒企业，一定要千方百计地去了解市场上的品类空白点。如果有创新产品能填补这个空白，叶茂中这厮敢说你不成功才怪。雅客V9填补了维生素糖果品类的空白。“柒牌”中华立领填补了立领男装的空白。今年我们又帮一个地板新品牌——莱茵阳光填补了运动型地板品类的空白。他们在市场都取得了成功。这都是品类的胜利。